Le coup
de la girafe

Des savants
dans la savane

レオ・グラッセ 著
Léo Grasset
鈴木光太郎 訳
Kotaro Suzuki

キリンの一撃

サヴァンナの動物たちが見せる進化のスゴ技

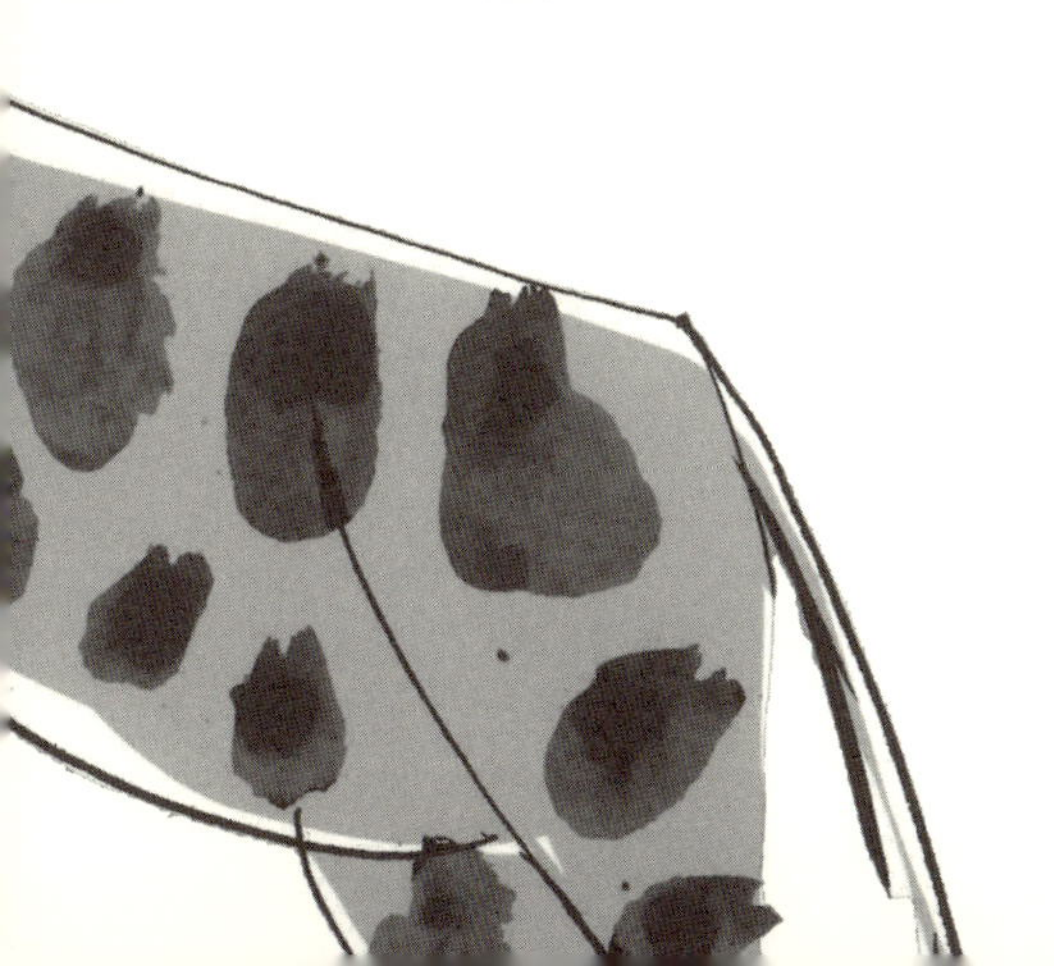

化学同人

Léo Grasset

Le coup de la girafe

Des savants dans la savane

Dessins et schémas de Colas Grasset

Japanese translation rights
arranged with Éditions du Seuil
through Japan UNI Agency, Inc., Tokyo

キリンの一撃●目次

まえおき

二〇一二年の秋、ぼくはクラウド・ファンディングのサイトを見つけた。そこではインターネットユーザーから支援してもらえるようなプロジェクトを募集していた。「チャンスかも！」、そう思った。というのも、翌年の四月からの半年間、ジンバブエのワンゲ国立公園でシマウマの調査をして過ごす予定だったからだ。資金が集まれば、サヴァンナについての「科学フォトレポート」用にクオリティーの高い映像を揃えることができる。ぼくは早速、企画書を書いてPRに乗り出した……が、悲しいかな、出資者はほとんど集まらなかった。匿名ということだったが、このプロジェクトに乗ってきた出資者は、ぼくの家族と友人だけ。空振りだった。

ともあれ、少数にしても読者がいて、彼らがぼくの（まだ素人臭さのある）成果を待っていることが、フィールドでシマウマの縞模様を計測する合間に、自分で撮った写真を添えた一五のブログ記事を書く動機を与えてくれた。そんなわけで、それらを集めた本書は、一般向けに書いた本というよりも、限られた読者向けに書いた本に仕上がっている。

ワンゲで書いたため、原稿は、ぼくがそこで体験した出来事も加わって、個人的な彩りのあるものになった。ゾウの地震波の章は、ゾウたちとの遭遇がもとになっている。錆(さび)だらけの4WDがエンストして動かなくなってしまった時のこと、ゾウの群れのなかの一頭が近づいてきて、長い時間(三〇分ぐらいかも)車とぼくをじっと見つめていた。それは群れのなかでもっとも大きな雄だった。ぼくは、間近でのゾウとの対面に心から感動してしまった。動物の行動への人間の影響について述べた章も、ワンゲでの体験がもとになっている。食べ物を盗みにやってくるヒヒやヴェルヴェットモンキーと闘う日々を過ごすうちに、ぼくは人間が彼らの生息地を大きく変えてしまっていると強く思うようになった。サヴァンナでのヒトの歴史についての章は、ヒトと動物相の関係を調べている研究者仲間との時間をかけた議論にもとづいている。そしてシマウマについての章は、シマウマの行動と形態(とりわけ体の模様)の関係に取り組んだぼく自身の研究の副産物だ。

ジンバブエから戻って少し経ち、いまはタイにいる。ここではYouTube用の一般向けの科学番組を制作している。「ダーティーバイオロジー」という番組で、月に数回この本と似た類の少し飛んだ話題について紹介し、毎回数十万の人たちに見てもらっている。

では、サヴァンナの研究者たち(必ずしも知恵者(サヴァン)とは限らないが)が問いかける、おかしな疑問の数々をめぐる旅に出ることにしよう。

パートI
進化の妙技

「生物学においては、進化の光をあてなければ、なにごとも意味をなさない」。そう書いたのは著名な遺伝学者シオドシウス・ドブジャンスキーだ。けれども、科学研究の最前線にある疑問の場合、その光は解読の難しい微妙な影を作る。

1章 ハイエナの雌のペニス

なぜウシの雌には角(つの)があるのか？　なぜ小型のアンテロープの雌には角がないのか？　なぜヒトでは男性にも乳首があるのか？　なぜハイエナの雌のクリトリスはペニスの形なのか？

　これらの疑問をまとめると、次のようになる。なぜ、一方の性でだけ機能するように見える形態学的特徴が、もう一方の性にもあるのか？　典型的な例は乳首である。女性では、それが赤ん坊に授乳するためのものなのに対し、男性ではその役割がなにかがはっきりしない。授乳のためでないとしたら、乳首をもつ利点はなんだろうか？　この章では「なぜ機能をもたないといけないのか？」、別の言い方をすると「すべてのものは機能をもたなければならないのか？」という疑問に要約される問題の核心に迫ってみよう。

　生物の進化を支配する法則として、淘汰は絶大だ。アフリカのサヴァンナでは、とりわけそれが言える。Aという個体がBという個体よりもわずかにすぐれた資質をもっていて、それがBより多くの子を残すのなら、Bの子孫は進化の落とし穴に落ちてしまい、Aの子孫だけがこの地上を闊歩（かっぽ）することになる。もちろん、これは単純化した言い方であって、現実の世界はこんなに単純ではない。乳首の進化の架空の話を用いて、この説を考えてみよう。

初め男性の胸はつるんとしていたと仮定しよう。ある時に二つの乳首をもつ男性が出現し、その乳首が発する匂いは出会う女性たちをたちまちに魅了し、そのおかげで、乳首をもたない男たちよりも、たとえば一・五倍多く子どもを産ませることができたとする。この変化が遺伝するなら、この幸運な突然変異体の父親から生まれた子どもにとって、事態は次のように進行する。すなわち、この子どもも父親からその資質を受け継いでいるので、一・五倍多く子をもうけることになり、さらにその子たちも、乳首をもたない男に比べ一・五倍多く子（最初の父親から見ると孫）を産ませ、時間とともにこれが繰り返されてゆく。五〇〇年（一世代を二五年とすると二〇世代）経つと、「乳首フェロモン」の家系は、乳首のない胸の家系の三三二五倍の数の子どもがいることになる（一・五を二〇回掛けるとそうなる）。子どもの数の少しの優勢は、それが遺伝してゆくなら、世代を重ねるにつれて、ますます大きなものになってゆく。そして最終的には、この小さな効果が累積して大きな結果をもたらし、集団は乳首をもった男たちだけで占められる。

このシナリオでは、その器官が存在するのは、それがなんらかの機能をもっているからだ。もしその器官が無用のように見えても、それはその機能がまだ知られていないからである。生物学者は、たとえば女性がこの器官をもつ男性をもたない男性よりも好むとしたらどうかと問う。同

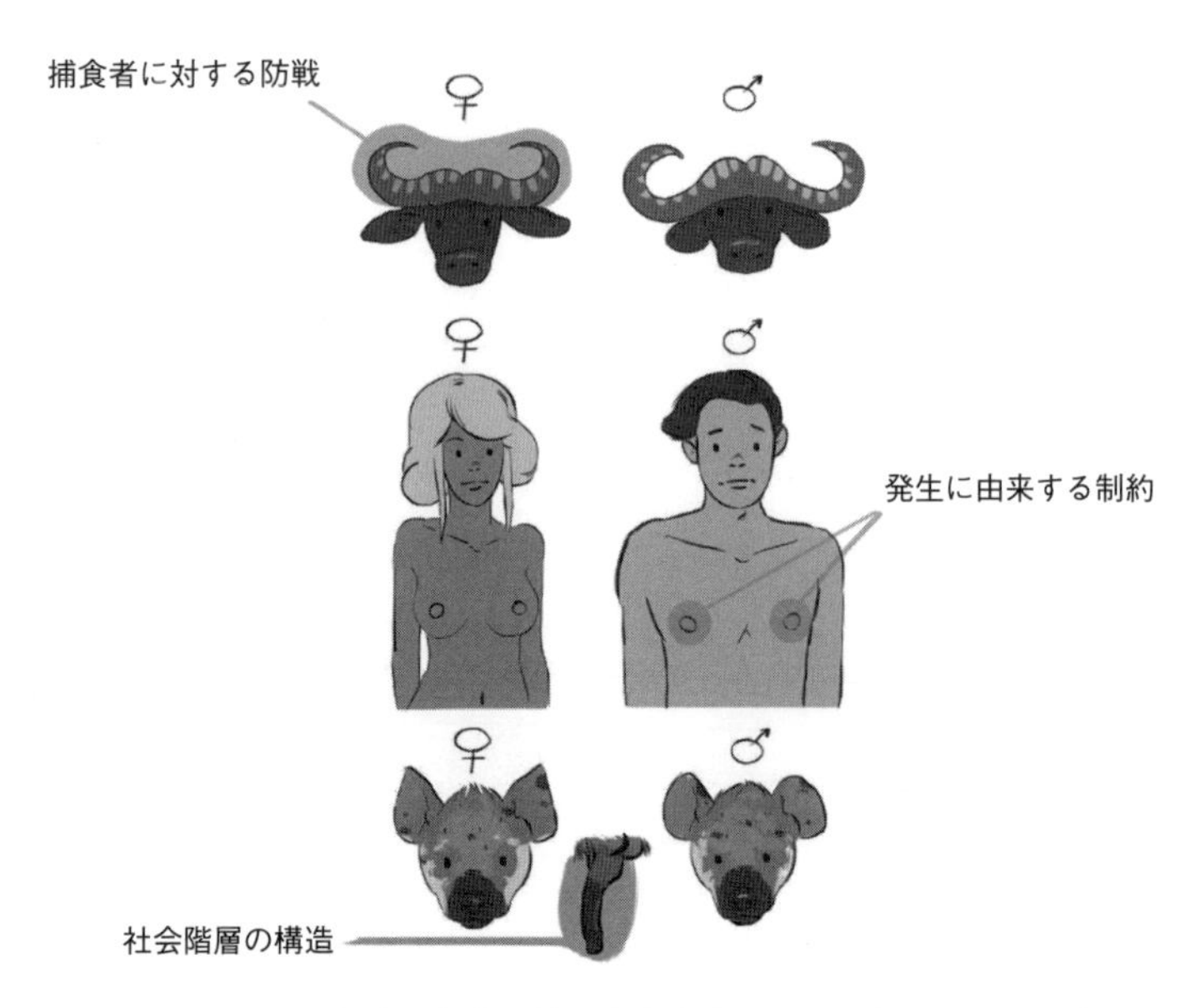

一方の性の身体的特徴が他方の性にも存在することがある。その理由はさまざまだ。

様に、この器官が社会的機能をもっていると考えることもできる。というのは、赤ん坊が母親の乳首に触れると、母親に大量のオキシトシン――安らぎと社会的絆（きずな）に関与するホルモンで、親子間の愛着にも寄与するとされる――の放出が起こることが知られているからである。すなわち、乳首にたくさん触れられると、子どもに対する愛情が増し、それがよい方向に作用して、その結果たくさんの子どもをもつことになる！　ひと言で言えば、これらの説明は「もしこうした器官が存在するなら、それはなんらかの機能をもっているはずだ」という類（たぐい）のシナリオである。

しかし、男性の乳首が機能をもたないようなシナリオを考えることもできる。すべての人間は発生の初期には女性であり（性の「基本形」は女性で、そこから男性が分化する）、受精後八週になって初めて、男性ホルモンの放出が始まる。つまり男性は、すでに使えるものから、すなわちすでに多少女性用にできあがってしまっているものから、男性の器官を作らなければならない。乳首は六週目からすでにでき始めるので、できてしまった以上はそれでゆくしかない。別の見方をすると、男性の各属性はそれ以降に加わる属性であり、アンドロゲン（とりわけテストステロン）のシャワーによって獲得される。もし女性のなにかが残るとしても、それが邪魔にならず、その持ち主を不利にしないのなら、それはそのままの形で残る。

もちろん、この制約を迂回するほど淘汰が強くはたらいて、乳首のある男性よりも乳首のない男性のほうを徹底して選ぶということもありえなくはないが、しかし明らかに事実はそうではない。この場合には、バラ色の器官をもつことに甘んじるほうがよい。

適所にないように見える特性の理由を理解することは、生物学者にとって難題である。サヴァンナでのほかの二つの例について考えてみよう。それは、ハイエナの雌のペニス形のクリトリスと雌のスイギュウの角である。

前述のように、ブチハイエナの雌（カラー写真2）は、ペニスの形をしたクリトリスをもっている。その業界では、これを擬似ペニスと呼んでいる。いわば模造品というわけだ。しかし、よくできた模造品だ！　実際、細部にわたって雄の性器が模されている。偽の陰嚢（いんのう）もあり、偽のペ

ハイエナのクリトリスとペニスを見分けるのは難しい。

ニスの上にはケラチンの偽の棘（哺乳類ではよく見られる特徴）もある。クリトリスはペニスのように勃起するし、排尿もこの器官でする。見ただけでは、ハイエナの雄と雌とを見分けることは難しい。

この器官は雌のハイエナにとって、出産の際には邪魔になることが多い。初産の母親の死亡率は一五％、出生時の子どもの死亡率は六〇％にもなるのだ！　進化の観点からすると、擬似ペニスの必要性を裏づけるだけの強力な埋め合わせがなければならない。ひとつには、雄にとって雌との交尾はそう簡単ではない。雌が求めに応じた場合でさえ、雄は適切な位置どりをするために何度もやり直さねばならない。実際のところ、交尾に成功するには技が必要であり、雄の側にはある種の技量が要求される。これが、どの雄にするかを選択する時間を雌に与える。

長い間、雌のハイエナの擬似ペニスはハイエナの社会階層の結果だと考えられてきた。すなわち、雌は雄より優勢であり（雌のほうが雄よりも身体が大きいことも関係している）、雌の間ではもっとも攻撃的な雌が支配的な立場に立つ。攻撃性は、アンドロゲンといった雄性ホルモンによって調整される。それゆえ、優位をめぐる対立が雌でアンドロゲンの量の増加を引き起こし、それが「たまたま」雄の器官の出現につながったと考えられてきた。つまり、「攻撃性＝アンドロゲン＝雄の器官」というわけだ。現在、この説明は成り立たないことがわかっている。というのは、擬似ペニスがこの雄性ホルモンのせいで生じるのではないからである。アンドロゲンは擬似ペニスの出現にはなんの役割もはたしておらず、したがって別の説明が必要である。

ハイエナの雌の性器は、雄の性器とそっくりだ。すべてが揃っていて、欠けているものがない。実際、多くの研究者は、模造があまりに完璧なので、似るようになったのは偶然のはずがないと考えている。雌が雄に似るようになるだけの淘汰圧（おそらくは雌どうしの直接的な争いを弱めるようななにか）があったのだろう。いまのところ、なぜこれほど似るようになったのかについて見解の一致はないが、似るようになるだけの強力な淘汰圧があったという点では見解は一致している。

奇異な性的属性の探訪をさらに続けよう。発情期の雄のインパラを見たことがあるだろうか？（カラー写真15）ウシ科、アンテロープ属の一種であるインパラは、攻撃的儀式のなかで角を激しくぶつけ合う。これはハーレムの支配権をめぐる闘いであり、ハーレムは雌が一〇〇頭ほどになることもある。雌は角をもたず、そのため角はもっぱら雄どうしの競争に使われる。しかも角は後ろを向いており、その目的は相手を殺すことでなく、押し返すことにある。したがって角の機能は多くのシカ科の動物と同じである。角は、雄にとってぶつけ合うのに最適の器官、どの雄がもっとも好ましいかを雌に教えるための器官なのだ。このタイプの器官は、シカ科の場合には信じられないほどの大きさになることがある（進化が極端なところまで行ってしまう例だ）。たとえばオオツノシカは、枝角が幅三・六メートル、重さが四〇キロに達したことがある。

しかし、ウシ科には雌が角をもつ動物もいる。たとえば、スイギュウ（カラー写真5）や家畜のウシである。この場合もまた、いくつもの仮説が提起されてきた。そのひとつは、雄と雌の「遺伝相関」――雄と雌は（少なくとも発生の初めの段階では）同じボディプランにしたがって作られ、この類似性がその後も維持される――にすぎないという説明である。この説明は、ヒトの男性の乳首ではうまくゆくとしても、ほかでもうまくゆくとは限らない。とくにこれでは、なぜウシ科には雌が角をもつ動物（スイギュウ、ウシ）がいたり、もたない動物（アンテロープ）がいたりするのかを説明できない。ここに、驚くほど単純な説明がある。雌が角をもつのは、捕食者から（たとえば体が大きいので）隠れることができず、応戦するしかないという説明だ。インパラの体色は背の高い草のなかでは目立たないのに対し、スイギュウは大きく、黒くて目立つ。捕食者に直面した場合、雌のスイギュウがとれる解決策は命を賭けて闘う以外にない。スイギュウは角が殺人兵器にもなり、「未亡人製造者」や「黒い死神」の異名もある。アフリカでは、この角に突かれて毎年二〇〇人以上が命を落としている。つまり、大きすぎて身を隠せない場合、大きな犠牲を払ってでも身を守ることができなくてはならないというわけだ。

まとめてみよう。男性の乳首は機能をもたないように見えるが、それがなんのためにあるかと言えば、一般には、発生に由来する強い制約とそれを除去するにはあまりに弱すぎる淘汰圧の二点から説明されている。ハイエナの場合には、雌の性的特徴が雄のそれと似るだけの強力な淘汰圧（社会的な争いの低減が関係しているのかもしれない）があったように思われる。ウシ科の動物では雄だけが角をもっていることが多いが、大型のウシ科は雌も角をもっている。雌のこの角は強い淘汰の結果である。というのは、それが捕食者に対する防戦を可能にするからである。以上のように、必ずしも機能をもたない器官が存在する一方で、一見「無用」に見える器官が実は強力な淘汰の産物であり、明確な機能をもつこともある。

進化は複雑な現象だ。進化は器官を新たに生じさせるだけでなく、すでにある器官を消失させることもあるし、新たな用途に再利用することもある。それゆえ、生物学者にとってその機能の理解は難題になることがあり、いくつもの仮説が――場合によっては直観に反するような仮説も――提案されることになる。進化には豊かな創造力があるのに、研究者のほうは単純な説明を求めていることが問題なのかもしれない。

2章 キリンの首

キリンはいつも生物学者の論争の的だった。キリンの首はなぜあのように長くなったのか？答えは単純だ。二メートルにもなるその長い首のおかげで、高いところにある木の葉を独占的に食べることができる。つまり、ほかの動物との食物の競争を避けるための適応である。進化生物学の巨人、あのチャールズ・ダーウィンも『種の起源』の第六版の一段落をこの問題に割いている。彼は、首が少しずつ長くなる――ほんのちょっとだけ首の長い個体は、ほんのちょっとだけ首の短い個体よりも、ほかの草食動物の届かない高さにある葉を食べることができるので、平均すると生き延びる確率が少しだけ高くなる――ことによって、キリンという種がこの長い器官をもつようになったと説明している。

キリンは、その高い背丈、長く伸びた首、前肢、頭や舌が、高いところにある樹木の葉を食べるのにみごとに適応したものになっている。これによって、同じ地域に住むほかの有蹄(ゆうてい)

類が届かないところにある食べ物を得ることができるが、これが食べ物の不足した時期に大いに役立つのは間違いない。

これはその後、教室で教わること、一般向けの本や記事でよく見かける自然淘汰の一例になった。ところが一九九〇年代半ば、ある生物学者たちが、こうした見方に対して次のように重要な反論を展開した。彼らの観察によると、キリンはその長い首を使って高いところのものを食べてはいなかった！　食物をめぐる競争がもっとも激しい季節には、つまり背が高いという利点がもっとも活かされると予想される時期でも、キリンは首を上に伸ばさずに首を水平にして食べていた。そこで彼らは、キリンの進化史の古典的見解をひっくり返す別のシナリオを提案した。

驚かないでほしい。首は雄どうしの闘いで使われる一種の武器で、ちょうどアンテロープやシカの角と同じはたらきをするというのだ！　実際シマウマでは、雄どうしは雌をめぐって「ネッキング」と呼ばれる格闘——お互いの首を激しくぶつけ合い、重い頭を棍棒として使う——を繰り広げる。キリンも、雄の頭蓋骨が分厚く、その打撃力は相手の椎骨を折るほどだ。たとえば二〇〇九年、ニジェールでは、キリンの個体数が少ないにもかかわらず、闘いによる二件の死亡例が記録されている。こうした闘いの場面では、相手よりも太い首をもっていることが有利にはたらく。この論文の著者たちは、キリンが長い首をもっていることもこれと同じ理由だと考えている。子をたくさん残す雄ほど太く長い首をもっており、この器官の進化を「高みへと引き上げ

キリンの首にはいくつもの機能がある。なにがその首の進化をもたらしたのかは、生物学者の間でも議論の的だ。

た」と言える。

　しかし、なぜ雌も長い首をもっているのだろうか？　これらの生物学者は、その理由として「両性間の遺伝相関」しか思いつかなかった。1章で見たように、両性間の遺伝相関は、説明をなにも思いつかなかった時に最終手段としてよく持ち出される。要するに、彼らのシナリオは説明として弱く、そのため厳しい批判に遭った。もしキリンの首が性淘汰の結果なら、雄の首は雌の首よりも見てはっきりわかるぐらいに大きいはずである。しかし二〇一三年、雄と雌のキリンの首を計測した結果、そうでないことが明らかになった。雄の首は雌の首よりほんの少しだけ長かったが、その違いは性淘汰によるものとするにはあまりに小さすぎた。

　首を性的闘争の器官として考えたのは、キリンがそれほど首を使って高いところの葉を食べてはおらず、むしろ闘う時に首を用いていることが多いという観察にもとづいていた。二〇〇七年、ほかの生物学者たちは根気よく、キリンが高いところにあるものを食べるために首を用いていることを確認する実験を行った。彼らは木を柵で囲った。これによって、キリンより背の低いほかの草食動物は葉を食べることができなくなったが、キリンは依然として柵の上から首を伸ばすことができた。研究者たちは、囲った木とほかの木を比較することによって、木の葉をめぐる競争が激しくなるにつれて、キリンが高いところの葉をよく食べるということを確認した。したがって、ダーウィンが正しく、キリンは競争を避けるために長い首を使っているのだ。化石の証拠もこれを支持する。キリンの長い首は一四〇〇万年から一二〇〇万年前頃に出現したようであり、この時期にはアフリカが全般的に乾燥化して、森林からサヴァンナにおきかわりつつあった。樹木が少なくなるにつれて、木の葉をめぐる競争が激化し、長い首が選択されたのだろう。

この問題のおもしろさは、ひとつの解釈が別の解釈を排除しない点にある。高いところにある葉を食べることができることはおそらく、キリンという種全体にとって、すなわち雄と雌の両方にとって利点となる長い首の進化をもたらしたのだろう。そして雄どうしの闘いで首を棍棒として使うことも、雄と雌の頭蓋骨の厚さの違いを説明する。結局、キリンの首はいくつもの機能をもつ器官であり、もっとも可能性の高い淘汰圧が高いところにある食べ物だとしても、首の進化をもっとも強力に導いたのがどれだったのかを知るのは困難である。

しかも、この問題を検討した生物学者たちは、長い首の出現の説明として、これら以外の仮説も考え出してきた。たとえば、首が長ければそれだけ視点も高くなるので、天敵を発見するのが容易になるとか、放熱面が大きくなるので体温調節に役立っているといった仮説である。キリンの四肢の伸長に応じて首も長くなった——これによって、キリンは水場で水を飲み続けることが可能になった——という仮説も出されている。

キリンの首の進化は、特定の生物種における器官の進化の歴史を再構成する際に用いられる科学的手続きのすぐれた例である。この一四〇年の間に、競合するいくつもの説が提案されてきた。綿密なフィールドワークと白熱した議論の末、ある説はほかの説より支持されるようになった。とはいえ、ほかの説は脇にのけられただけで、完全に否定されたわけではない。実際のところ、キリンが背の高いアカシアの葉を食べるために首を使っているとしても、闘うとか天敵を発見するとかといった機能も、現在の形に寄与しているかもしれない。このように研究者は、キリンの首がなぜ長くなったのか、そのシナリオ作りに挑み続けている。息の長い、人を魅了せずにはおかないテーマなのだ。

3章 ガゼルは賭けをする

「チーターは辛抱強い。アフリカのサヴァンナの背の高い草のなかに身を潜め、狙いを定めた獲物に向かって、音をたてずに忍び寄る。狙いは若いトムソンガゼルだ。繊細で優雅に動くガゼルをその強力な牙でしとめるのを思い描きながら、ガゼルを見続ける。突然チーターは跳ね、時速九〇キロという目にも止まらぬ速さで草の間を駆け抜け、そのごつごつした筋肉がエネルギーを消費する」。

アフリカのサヴァンナの動物たちについて見たり聞いたり読んだりしている人なら、この文章にはなにも目新しいものはないかもしれない。すなわち、いつもと同じく、速く走るチーター、捕食者から逃げるために跳ねるガゼル、飾り物のように乾いた黄色の草。しかしガゼルの逃走は、生物学のまだほとんど知られていない世界——将来の革新的研究の坩堝になるかもしれない——への扉を開いてくれる。

ガゼルがチーターに襲われる場面から始めよう。チーターは跳ね、突進し、不運なガゼルをつ

ガゼルは捕食者から逃げ切るために、跳ぶ方向をでたらめに変える。

かまえようとする。ところが、このガゼルは機転をきかせ、ジグザグに走り出す。走る速さではチーターには勝てないので、まっすぐ走ることは死を意味する。しかし、走る方向を五秒おきに突然変えると、チーターは獲物を一瞬見失い、スプリンターとしての能力が発揮できなくなる。こうしてガゼルは逃げ切る。逃げ切る時の軌道はまったく予測不能だ。研究者たちは、逃げるガゼルが次にどの方向に向きを変えるのかが予測できないこと、そしてこの行動が攻撃を逃れるためにきわめて有効だということを示してきた。偶然を利用するというやり方は、動物界では例外的なことではない。ガゼル以外にも、多くの動物が逃げるために偶然を利用しており、なかには食物探しや繁殖に利用している動物もいる。こうした行動は、ギリシアの神の名前をとって「プロテウス行動」と呼ばれる。プロテウスは、自分をつかまえることができた者に、未来を予言することを約束する。しかし彼をつかまえるのは容易ではなかった。というのも、この海の神はライオン、ヘビ、ヒョウ、ブタ、液体や樹木へと次々に変身することができたからである。
　ランダムな行動の存在は、直観に反するところがある。動物行動研究の主流においては、動物の反応は自然淘汰によって最適なものになり、個体は最良の結果につながる折衷案を採用すると考えられてきた。これは「最適戦略」理論と呼ばれている。一般には、捕食動物は「最良の瞬間に」飛びかかる、草食動物は最適な時期を見て移動する、群れは協調して動くといったイメージがある。しかし、ある行動が最適であることは、それがランダムであることを排除するものではない。もし予測不能な軌道をとるガゼルが予測可能な軌道をとるガゼルより長生きでき、最終的により多くの子をもうけることができるなら、「不確実な」軌道が進化の過程で選択されるだろう。したがって、不確実さは自然淘汰の対象になり、「最適」と「ランダム」の間の対立は見かけ上のものにすぎなくなる。実際、予測不能に振る舞うものが予測可能に振る舞うものよりも有効でないと考えることは、広く見られる不合理な認知バイアスである。

　生物統計学者のアラン・パヴェは、生き物にある形質が偶然出現して進化の過程で選択されることを「生物学的ルーレット」と呼んでいる。ガゼルの場合、このルーレットは、ジグザグに走るという行動を生み出すニューロン集団である。このように予測不能な跳び方をして捕食者から逃げるのは、なにもガゼルに限ったことではない。食べ物を探して環境内をランダムに動き回る動物種もいる。食べ物がどこにあるかを正確には知りようがない時には、そうするのが最善の方略である。たとえばクサカゲロウの幼虫は、木の葉を行き当たりばったりに歩き回って、アブラムシを見つけ出す。繁殖においても偶然は頻繁に利用されている。ウニやムール貝のような多くの海棲動物は海中に精子を放出するだけだ。それらは、水流の小さな変動によって無事に卵に届いたり、届かなかったりする。「精子」(花粉粒)を空中に放出する植物もそうである。これらの精子は卵子を受精させ、胚をもった種子ができる。これらの種子も空中に放たれることが多く、環境内の変動という偶然によって散布される。風があれば、種子はより遠くに行き着ける。このように動物も植物も、偶然によって生き延び、偶然によって食べ物を見つけ、偶然によって繁殖している。

しかし偶然が役割をはたすのは、動物の行動や植物の散布にとどまらない。生態系や生命の進化においても、さまざまなスケールで重要な役割をはたしている。スケールが極端に違う例、生態系の例(数キロメートル)とハエの眼の例(数マイクロメートル)を考えてみよう。

アマゾン川流域の熱帯雨林は、植物多様性がきわめて高い。一万六〇〇〇種の樹木が存在し、一ヘクタールだけで同じ資源(太陽、無機塩、水)を消費する三〇〇もの種がいる。生物種がどう分布するかを理解するための一般的アプローチは「生態学的ニッチ」の点からの説明である。簡単に言うと、生物種どうしは環境の資源をめぐって競合し、そうするうちに種はそれぞれ特定の種類の資源に専門化して、自分たちに適したニッチ(地位)を占めるようになり、ほかの種はそこから締め出される。しかしこの説明は、異なる資源がほとんどなく、逆にそれらの資源を同じやり方で利用するたくさんの種がいるような熱帯雨林ではうまくいかなかった。二〇〇一年、生態学者のスティーヴン・ヒュッベルは次のような革新的な考えを提案した。熱帯雨林は偶然によって構成されているのであって、種間の競争だけによっているのではないというのだ。彼は、樹木の種どうしは繁殖力においてそう大きくは違わず、どの種もほぼ同じ数の若木を生み出すという原理から出発した。地域的な小さな差異は偶然によるものであり、異なる樹木どうしがある程度等価であることは、種の数がひじょうに多いことだけでなく、植物のまったくランダムな分布も説明する。たとえば、さまざまな植物が「入り混じった」森では、同じ場所に同じ種の植物が二つとないことがある！

次は微小なスケールの例。ショウジョウバエはたくさんの個眼から構成される複眼をもつ。個眼には、暖色を感じるタイプと寒色を感じるタイプの二種類がある。これらの個眼の組合せは色覚を可能にするが、では、均質な視覚を得るために、どのようにそれぞれのタイプの個眼を複眼上に効率的に配列しているのだろうか？　労力をあまり使わずに簡単に済ますには、偶然を利用する！　大数の法則によって、個眼の数が多くなるほど、「暖色－寒色」の分布が均質になる可能性が大きくなる。ショウジョウバエの個眼は数百もあるので、この方法はとてもうまくゆく……偶然がすべてをやってくれるのだ！

生態学も進化学も、本質的に確率にもとづく統計学的な科学だ。実際、この二つの学問分野における主要な法則は、集団内の平均的変化にもとづく推測によっており、特定の個体の未来を正確に予言することはできない。

たとえば「もっとも高くジャンプするカンガルーが選択される」は、「カンガルー集団のジャンプの高さの平均値は何世代も経ると上昇する」と翻訳可能だが、だからといって、とても高くジャンプする特定の個体の子孫について正確な予測ができるわけではない。その個体がたくさんの子をもつことは予想されるが、カンガルーの一生にはどんな展開が待ち受けているかわからないので、確率の形でしか結果の予測はできない。たとえば、ひじょうに高くジャンプできるその個体が、オーストラリアの奥地の隔絶されたごく小規模のカンガルー集団に属しているとしよう。次に、酔ったトラック運転手が猛スピードで叢林に突っ込んだとする。行く手にはたまたまその集団がいて、彼らをなぎ倒し、哀れ、われらがカンガルーのジャンパーはトラックに轢かれて死んでしまった。プラスであったはずの高く跳べるのを可能にする彼の遺伝子は、たんに偶然によって、その集団から失われてしまう。偶然は、このカンガルーのような小集団の場合には重要な役割をはたしうる。これは遺伝子浮動と呼ばれる。遺伝子浮動と自然淘汰は「進化の推進力」とされることがあるが、その相対的重要度は集団の大きさに依存する。つまり、小さな集団は偶然に大きく左右されるのに対し、大きな集団では大数の法則によって偶然の影響は小さい。しかし、そもそも「偶然」とはなにを言うのだろうか？

偶然の定義はいくつもあるが、もっとも一般的と思われる定義は、ごく単純に「予測できないものごとの総体」というものだ。たとえば、次のような連鎖的状況を考えてみよう。植木鉢が歩道に落ち、そのせいでファンファーレを吹き鳴らしていたトランペット吹きの調子が狂い、その調子はずれの音にびっくりしたネコが飛びのき、その飛びのいた先がタバコを吸っていた男で、その男がそのはずみでタバコを落とし、そのタバコは通りを走っていた化学物質を積んだトラックの運転席まで飛んでいって火をつけ、それに驚いた運転手は運転を誤り、このトラックは引火物を満載したタンクローリーと衝突してしまい、それが大爆発を引き起こし、なんとそれでパリの街が吹っ飛んでしまう。こうした出来事の連続は予見できず、常識はそれをいたずらな偶然に帰す。

しかし、よく言われるように、もしこの世界の個々の要素の情報をもつことができたなら、その時にはそれらの運命は予測可能かもしれない。いまあげた例で言えば、もし植木鉢の不安定な状態について、そしてトランペット吹き、ネコ、タバコを吸っている男、二台のトラックそれぞれの位置について情報をもっていたなら、有能な分析者なら、この大惨事を予測できたかもしれない。この考え方は新しいものではない。一八世紀にラプラスは次のように述べている。「ある知性が、ある時点において、自然を動かしているすべての力と、自然を構成するすべての存在の状態とを知っているなら、その知性は、宇宙のなかのもっとも大きな物体の運動も、もっとも軽微な原子の運動も、同一の方程式によって理解するだろう。この知性にとって不確実なものはなにもないし、その目には、過去と同じく未来も見えているだろう」。このように自然を見た場合には、偶然と呼ばれるものは私たちの無知の程度にすぎず、真の偶然（別の言い方をすると「存在論的」偶然）といったものはないことになる。しかし他方には、偶然についての別の見方、量子物理学に由来する見方もある。

量子の重ね合わせは、私たちの直観に合わない現象のひとつである。量子の世界では、粒子はひとつの値に決まらない状態をとりうる。たとえば、ある物体は赤でも青でもなく、ほかの対象との相互作用によって初めて赤か青のどちらかに決まる。物理学者のシュレーディンガーは、この量子の重ね合わせを例示するのに、箱のなかに閉じ込められているネコを想像せよと言う。この箱のなかには重ね合わせの状態の粒子があり、粒子が可能な二つの状態のどちらか一方に固定されたとたん、ネコに向けて毒ガスが出るという仕掛けがある。箱が閉じられているかぎりはほかからの影響も観察もなく、粒子はどちらか一方の値には決まらない。すなわち、粒子は重ね合わせの状態のままである。この時ネコは「死んでも生きてもいない」。観察者が箱を開けると、粒子は二つのどちらかを「選択」し、毒ガスが出るか出ないかする。外部からのほんの小さな影響であっても、このシステムを「選択」へと変える（「デコヒーレンス」と呼ばれるプロセスだ）ので、粒子を重ね合わせられた状態に保っておくことは――とりわけ外部環境に温度の揺らぎがある場合には――ひじょうに難しい。

しかし最近の実験は、自然が電子を量子の重ね合わせ状態に保つ方法を見つけてきたようだということを示している。一例は植物の光合成だ。光合成は生物にとってもっとも重要な生化学的プロセスであり、生物圏に太陽エネルギーを取り込み、このエネルギーに依存する草食動物、肉食動物、寄生生物までの食物網全体を養っている。つまり、すべての動物が光合成に依存している。光はクロロフィルの入った「アンテナ」に吸収される。このアンテナは光子を捕捉して光合成反応の中心へと送り、ここでエネルギーが解放される。研究者たちは最近、アンテナが光子を量子の重ね合わせ状態に保つ能力をもっているという示唆を行っている。これによって光合成反応の中心への異なる経路のうち最短経路を「選択」し、エネルギー効率を最大にしているのだという。

動物も、特定の器官が量子の重ね合わせ状態にある粒子を用いている可能性がある。たとえば鳥の嗅覚（きゅうかく）細胞や磁気感覚に関係する器官がそうで、重ね合わせの効果の利用が真剣に調べられている。量子の重ね合わせ状態は、たとえば「トンネル効果」によって、ＤＮＡの突然変異の出現――多様性をつねに更新するプロセス――においても役割をはたしているかもしれない。

生態学から量子効果まで、偶然はさまざまな理由から生物学者の関心を引いている。それは偶然が進化の過程で選ばれることがあるからであり、また偶然の起源についての哲学的議論を生み出すからである。そして偶然がそもそも謎めいていて本質的に驚くべきものだからだ。研究者たちはそれを研究の中心におきつつあり、もはや単純な「統計学的ノイズ」としては見ていない。というのも、それが説明や理解を可能にするからである。このように、生命には賭けの要素がある。

4章 シマウマはなぜ縞模様なのか？

多くの哺乳動物は縞模様や明瞭な斑(まだら)模様をもち、その模様がはたす機能もさまざまである。多くはそれらをカムフラージュとして用いている。ヒョウやチーターはそうした例だ。また、捕食者になりうる相手に向かって「邪魔しないでくれよ、オレに冗談は通じないから」という警告として用いている動物もいる。ケナガイタチ、ミツアナグマ、アナグマがそうだ。シマウマを目立たせている縞模様はどうか？　その縞模様は熱を効率的に放散するのに役立っているとする研究もあるし、個体識別に役立っているとする研究もある。

動物の体の模様は、形態学的特徴として目立つものであるにもかかわらず、その役目がなにかを知るのは必ずしも容易ではない。クアッガはこれが難問だということを示す例である。クアッガは頭から尾まで縞模様をしているが、そのパターン、本数、色合いは驚くほど多様だ。縞はおとなでは黒くなるが、子どもの頃は明るい栗色だ。（興味深いことに、この特性が家畜化されたウマに時々現れることがあり、ウマ属の祖先は縞模様をしていたことがあったのかもしれない。

調教されたシマウマが障害物を飛び越えている（20世紀初頭、東アフリカ）。

興味深いことをもうひとつ。一九世紀末に、イギリス人の物好きな植民者がシマウマの家畜化を試みたことがあった。これは大成功というわけにはいかなかったが、記録として残っている写真を見るかぎりでは、貴族がシマウマに障害物を飛び越えさせたり、小型の馬車を引かせたりしていた。）

さて、ここからが本題。どうして縞模様があるのだろうか？　最初に言っておくと、シマウマの縞は黒地に白い帯がある。シマウマの胎児は最初真っ黒だが、メラニン（黒い色に関わるタンパク質）の生成が抑制されて白い帯が出現し、縞の輪郭がはっきりし、個体ごとに一生を通じて変わらない特有のパターンができあがる。もうひとつ、重要な発見がある。シマウマは模様が左右対称ではなく、右半身と左半身とでは大きな違いがあるのだ！　縞模様の生物学的機能についてはさまざまな説がある。二〇〇二年、グレーム・ラックストンは、シマウマの縞模様の起源を説明するために出されている説を次のように八つに分類している。

1　縞模様は、集団を「分断」するカムフラージュ効果をもつ。シマウマが集団で動く場合には、視覚的錯覚が生じ、捕食者の知覚を混乱させる。とりわけ個々のシマウマが見分けにくくなる。
2　草の背丈が高い場所では、カムフラージュの役割をはたす。
3　薄暮時には、効果的なカムフラージュになる。
4　首のあたりの縞模様が、仲間から毛づくろいしてもらう部分の目印になる。
5　お互いの識別を容易にする。
6　追いかける捕食者にとって「照準を合わせる」のを難しくする。
7　体に止まろうとするツェツェバエを攪乱する。
8　放熱を容易にする。

以下では、とくによく引用される5から8の仮説について考えてみよう。

大砲の射程を見誤らせるために軍艦に採用された分断模様。

縞模様は個体識別の役に立つ

5の仮説は論理的である。というのは、模様が個々のシマウマによって異なるからである。しかし、シマウマと似たような社会構造をもつ野生のウマでは、お互いを認識するためにこんな手の込んだことはしない。縞模様がこの機能だけのためにエネルギーを浪費することはありそうもないように思える。したがって説明はおそらく別のところにある。

縞模様は照準を合わせにくくする

6の仮説は奇妙に聞こえるが、実際にはいくつかの仮説からなっている。たとえば、観察によると縞模様の個体は実際よりも大きく見え、捕食者にとっては、自分の爪の一撃をどこにどのタイミングでかけるかを正確に見積もるのが難しくなる。また縞模様は、シマウマの動きの速度や方向について捕食者の知覚を混乱させる。レーダーの発明以前には、敵の砲手を混乱させるために軍艦

シマウマの縞模様は「床屋のサインポール」効果によって
捕食者を（ロケット弾も）攪乱する。

の船体を分断色で塗ったことがあったが、これと同じ効果である。二〇一三年、敵のロケット弾の命中率を下げるために、軍隊の高速車両を縞模様に塗ることが真剣に提案されている。

この仮説は自然状況でテストされているわけではないが、これを支持する研究がいくつもある。つい最近行われたシミュレーションが示すところによると、動いているシマウマの縞模様は二種類の視覚的錯覚を生じさせ、どちらも動きの方向を実際とは違うように見せる効果がある。第一の錯覚はストロボ効果だ。この効果は、車輪のように回転する物体で観察される。特定の照明下では、回転している車輪が静止して見えたり、回転速度が違って見えたり、逆回転しているように見えたりする。第二の錯覚は「床屋のサインポール」効果である。回転するサインポールは、柱のななめ縞が「上に昇ってゆく」ように見える。シマウマのななめ縞がこれら二つの視覚効果を生じさせて捕食者の知覚を攪乱し、その結果シマウマへの攻撃が不正確になり、シマウマは逃げることができるのだという。

縞模様はハエやアブ対策である

7の仮説は、ツェツェバエやほかの不快な飛翔性の昆虫が無地のものよりも縞模様のものに止まることが少ないという観察にもとづいている。この仮説は血を吸うハエ、すなわちアブでテストされた。

アブは偏光を見ることができ、これによって正確に水たまりを見つけられる。水面から反射した光はそれ自体が偏光しており、私たちも偏光サングラスをかければ、偏光がわかる。偏光サングラスは、海の水面や濡れた歩道から反射する光のように横方向に振動する偏光を通し、これによって水面の下にあるものを見たり、目がくらむことなくアスファルトを見たりできる。この偏光視によってアブは水場を見つけ、そこに卵を産んだり、水を飲みにそこにやってくる草食動物を見つけたりできる。

シマウマの縞模様は、こうしたアブやハエの偏光視に対して効果的なカムフラージュになる。黒い帯と白い帯は光を異なる方向に異なる強度で反射する。二〇一三年の実験では、縞模様のシマウマの模型よりも色合いが一様な模型のほうにハエが多く来ることが観察されている。その研究によると、縞模様がハエを寄せつけないという機能をはたせるのは、縞模様がそのために（少

縞をもつウマ科の生息地とアブの生息地は重なり、縞模様の出現はアブを寄せつけないためと説明される。

なくとも部分的には）選択されてきたからだという。二〇一四年、この仮説を確証するもうひとつの論文が発表された。ウマ科の多数の種や亜種の自然の地理的分布を調べてみると、アブの生息地域と縞模様のウマの生息地域とが重なるのだ。ほかの指標もこれと同様の傾向を示した。たとえば、腹部の縞の数はツェツェバエの分布と相関していた。この地理的な分析は、シマウマにとって有害なハエの淘汰圧の下で縞模様が進化した可能性を示している。

縞模様は放熱を容易にする

二〇一五年、「シマウマはどのように縞模様を獲得したか——解法がたくさんありすぎるという問題」と題する論文が発表された。その論文では、一九九〇年にデズモンド・モリスによって出された仮説を再検討している。この仮説によると、シマウマの縞はライオンから逃げるのに役立っているわけでも、ハエやアブから逃れるのに役立っているわけでもなく、熱から逃れるのに役立っているのだという。この論文の著者たちは、環境のすべての変数のなかで、縞の太さと濃淡の地理的差異をもっともよく説明するのが気温だということを確認した。暑い地域ほど縞は太くはっきりしており、寒い地域では消失する傾向が見られる。極端な例は、シマウマの亜種で、絶滅してしまったクアッガだ。クアッガは身体の大部分には縞模様がなく、南アフリカの南端の涼しい地域に生息していた。

しかし著者たちは、熱から逃れる能力を縞模様に授けるメカニズムについては決定的な答えを与えていない。彼らはこれについて二つの仮説を提案している。第一に、直接的な決定因は気温ではなく、気温のなにがしかの結果なのかもしれない。たとえば、ツェツェバエやアブは暑い地域における大量の寄生生物の運び役なので、縞模様は寄生生物に対する防衛策なのかもしれない。第二に、黒い帯は白い帯よりも熱くなり、帯の間にかすかな空気の流れを引き起こし、シマウマを冷やす。この仮説は信じ難いように見えるが、シマウマの体温は、同程度の大きさのほかの草食動物と比べて平均で三度ほど低いのだ。……したがって次にとるべきステップは、温度のこの違いが体の縞模様の出現と維持を説明するだけの十分な淘汰圧になるのかどうかを知ることである。

現在わかっていることだけにもとづいて、これら有力な三つの説明のどれが正しいかを判定するのは困難だ。実のところ、この問題に関心を抱いている生物学者は、縞模様の存在を単独で説明できるような説得力をもった説はいまのところなく、縞模様がおそらくは、個々に切り離して分析するのが難しいいくつもの理由の組合せによっていると考えている。たとえば、縞模様がハエやアブに効き目のあるものとして出現し、その後部分的に別の理由（たとえばそれが引き起こす視覚効果）によって維持されたのかもしれない。

この種の状況は、特性（この場合には縞模様）の進化の歴史を理解しようとする生物学者の仕事を複雑なものにする。ここで、今日存在しないような環境——たとえばバーコードのような森——で生活していたシマウマに最初に縞が出現し、それが身を隠すのに役立ったと考えてみよう。その後気候が突然変化し、その結果森林は消滅してしまうが、そうするうちにシマウマは自分たちの社会システムの基礎をその模様におくようになり、この基準からはずれる少数の個体は生殖することができず、「縞模様でない」ゲノムは消え去ってしまう。縞に対する淘汰圧が弱くても、その特性が縞をもった個体をとくに不利にはしない——時にはライオンやアブを避けるのに役立つこともある——のなら、その特性は当初のものではない目的のために維持されるだろう。こうして生物学者は真の困難に直面することになる。すなわち、なにが最初の適応の理由なのかを知り、バーコードのような森といったありそうにない痕跡を見つけるという作業である。

シマウマの縞模様の機能の研究は、いまだ終わらない科学的探求であり、進化生物学者を夢中にさせる挑戦の格好の例だ。解決済みと思われていた昔からの問題をとりあげ、実験やシミュレーションを通して進化のシナリオを推敲し、そして思いがけないものを発見する（ハエや熱やロケット弾を避けるために縞模様を使っているとは！）。こうして研究は一歩ずつ進んでゆく。

パートⅡ
行動の謎

動物は、生き延びるために複雑で独特な行動を発達させてきた。それらの行動は、時には奇妙に見えることもあるが、進化の点からはほとんど納得がゆく。サヴァンナには独特な行動の例がいくつもある。

5章 シロアリのパイプオルガン

あなたも、アフリカのシロアリの塚がどんなものかは漠然とでも頭のなかに思い浮かべることができるだろう。そう、サヴァンナの背の高い草のなかにそびえ立つ三角の土のドームだ。カラー写真10のように、その上に木が突き出ていても結構！　それに時々てっぺんでチーターが眠っていることもある。

シロアリは、このこんもりした土の山の内部で生活している。そこに複雑なことはなにもないように見える。読者のなかには、次のように言う人もいるだろう。「泥を山積みする昆虫だよね。泥の山があっても、そのなかにWi-Fiみたいな新しいものがないのなら、原始的な昆虫でしかないよね！　で、次にするのはライオンの話？」　ここで言わせてもらうと、それはとんだ見当違いだ。シロアリの塚は極めつきの建築の傑作なのだ。さあ、ガイド付き見学を始めることにしよう。

まず初めに、相対的な大きさの違いをはっきりさせておこう。シロアリは体長が一センチにも

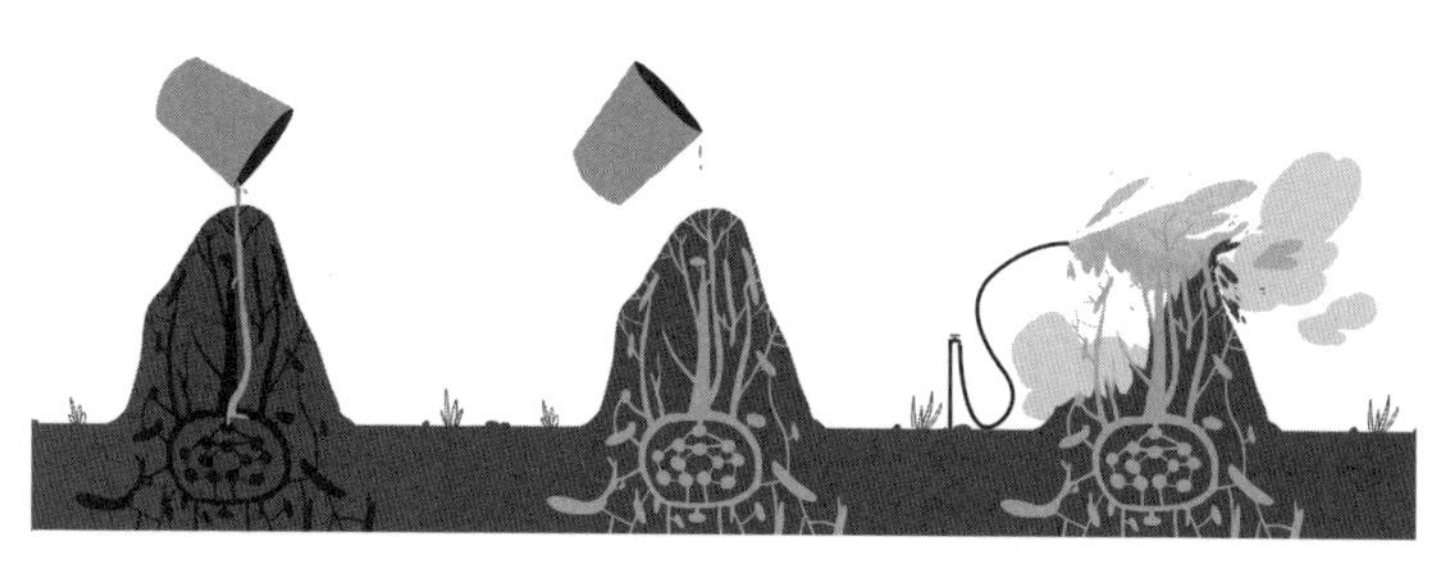

「エンドキャスト」は、シロアリ塚の内部の地下道を石膏で固めて型どりをする方法だ。

満たないのに、彼らが造る塚は高さが九メートルに達することもある。塚が平均的に二～三メートルの高さだとしても、彼らの体長の五〇〇倍以上の高さになる。人間の世界で言えば一〇〇〇メートルの高さのビルだ！　人類が建てた超高層ビル、ドバイのブルジュ・ハリファ（高さ八二八メートル）でさえ、それに及ばない。

塚を造るのに使う道具は自前の顎。基本的な建材は、土に糞（確かに魅力的な素材とは言い難い）と唾液（土を噛み砕くのだ）を混ぜ合わせたもの。このコンクリが乾燥した層に塗られると、そこは石のように硬くなる。

シロアリが築き上げるドームには、おびただしい数の地下道が通っている。この地下道がどうなっているかを観察するには、地下道を石膏で満たして固める「エンドキャスト（石膏模型）」と呼ばれる方法がある。まず一番大きな地下道に石膏を流し込んでゆき（その通り道にあるものはみな死んでしまうが）、石膏が乾いたら、石膏だけが残るように慎重に山を削ってゆく。そしてできあがるのがシロアリの塚内部の鋳型――部屋とトンネルからなる複雑な構造物——だ。

ひとつのコロニーには数百万のシロアリがいるが、住んでいるのは地表面から突き出たドームの部分ではない。彼らは、地表面の下に位置する小部屋に居住する。彼らはそこで生活し、キノコを栽培し、食料を貯蔵する。これが「巣」に相当する。

コロニー全体は、総量で言うと重さ五キロほどのシロアリと四〇キロのキノコからなり、ヤギほどの大きさの動物と同程度に呼吸している！　それゆえ、呼吸によって生じた熱と二酸化炭素を排気し、新鮮できれいな空気をとり込まなければならない。では、ドームはなんの役に立っているのだろうか？　ドームは煙突の役割をはたし、熱と酸素の調節を行っている。そう、二億年前にシロアリは自然換気の家を発明していたのだ！

シロアリの塚は自然のエアコンシステムであり、建築家の手によるものでも、複雑な神経システムの産物でもない。それは数十万匹のシロアリが参加することによっている。これまで（とはいっても一九六〇年代からだが）シロアリは、ペルシャの風採り塔のような気孔のあるドームを造り、風をなかに入れて塚全体を涼しくすると考えられてきた。想定されたしくみは次のようなものだ。塚の深部と外部とは地下道でつながっているので、風がドームの表面を吹き渡ると、気圧が低くなり、ドームの底から熱気を吸い上げる。つまり、煙突が熱を「引き出す」のだ。この仮説では、シロアリの塚が対流によって涼しくなる——家の窓を開けた時に起こるのと似た現象だ——と考える。

このシステムはとても効果的だ。ジンバブエでこの原理にもとづいてビルを建てたところ、使用エネルギーが九〇%削減でき、エアコン代が年間で七〇万ドル節約できた。この原理は人間の世界でビルを涼しくするのに役立っている。ところが、あとでわかったのだが、シロアリの塚はそのように機能しているのではなかった。

シロアリの塚は二つの部分からなる。ひとつは地面から突き出たドームの部分。多数の地下道があって、風がよく通る。もうひとつはシロアリたちの暮らす巣の部分である。この巣にはたくさんの小部屋があって、それらどうしは直径数ミリの細い通路で結ばれて、複雑なネットワークをなしている。ちょうど小さな気孔がたくさんあるグリュイエールチーズのような感じだ。この密度の高い「スポンジ」のなかでは、空気は大量には循環できない。したがって、塚の巣の部分が呼吸して空気の大きな動きによって冷えるというモデルは、少なくとも部分的には誤りということになる。ドーム内には空気の動きは確かにあるが、それは巣の部分までは届かないように見える。理解のために最適のアナロジーは肺である。肺では、吸い込んだ空気は三つの段階を経る。入口では、空気は気管のなかに急速に大量に流れ込む。肺の末端にある肺胞では、ガス交換は大量の空気が動くことによってではなく、拡散によって行われる。というのは、肺胞管は繊細すぎるので、空気の大きな移動はできないからである。その中間では、空気は気管（対流による交換）と肺胞（拡散）の両方の複雑な影響を受ける。

この特殊な構造は二つの異なるシステムの間の連絡を必要とし、シロアリの塚でもこれと同じ

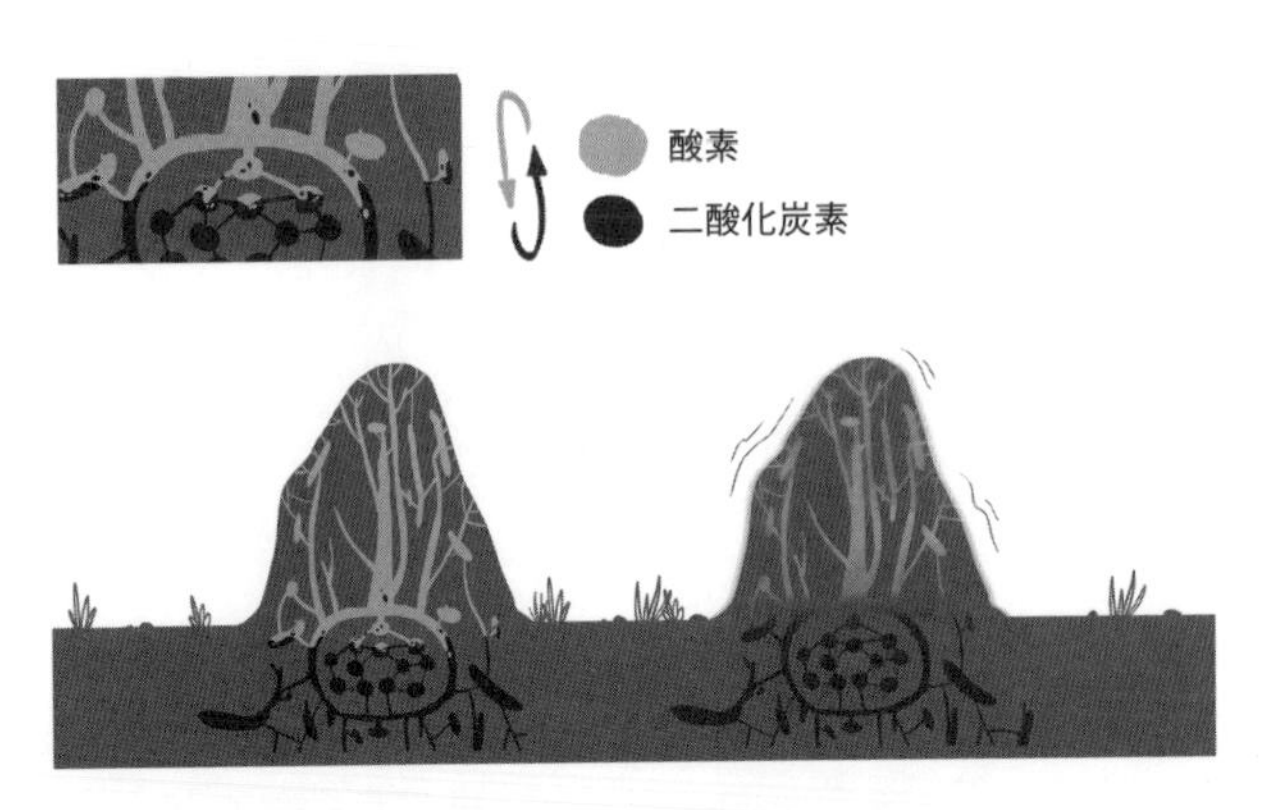

シロアリ塚の呼吸は二つのメカニズムで説明できる。ひとつは「振り子空気」効果、もうひとつは低周波の振動による攪拌効果である。

ことが起こっている。すなわち、底のグリュイエールチーズの層では空気が拡散によって循環するのに対し、通路が広いドームの部分では空気は大量に動いて循環する。そしてその間では、両者を仲介するシステムがはたらいている。このインターフェースのシステムがどのようにして塚の空気の循環を可能にしているかは、目下研究が行われている。しかし、二つの可能性が考えられている。

ひとつの仮説は、シロアリの塚の上に吹く風がドーム内の空気を引き出し、「煙突効果」を生じさせるというものだ。先ほど見たように、これだけでは巣のなかの空気を入れ換えるのに十分ではないが、上層の空気に振動を引き起こして二つの層の空気をわずかながら混ぜ合わせ、これによって巣をある程度冷却できる。「振り子空気」と呼ばれているメカニズムだ。

もうひとつは音楽的な仮説である。いま紹介したように、三角ドームの内部はパイプオルガンのように多数の管が通っている。外からの風がこの煙突のなかに入り込むと、これらの管のいくつかを超低周波で振動させる。これは簡単な実験で試せる。空き瓶に煙を入れて蓋(ふた)をし、しばらくおくと、煙は下のほうに沈む。ここで瓶に低周波の振動を与えてみよう。すると、上下の二層が完全に混じり合う。この「音による攪拌(かくはん)」現象によって、煙突と巣の空気の層は混ぜ合わされる。

洒落た言い方をすると、シロアリは呼吸するためにパイプオルガンを利用している。この二つの作用はとても効果的なことから、深い鉱山を換気する方法として研究されている。

シロアリは、傑出した建築家やすぐれた技術者というだけでなく、すぐれた農業従事者でもある。彼らはカラカサタケの一種を栽培する。その培地は彼らが噛んだ植物である。カラカサタケのほうは、シロアリの消化器系では消化が難しいセルロースを分解するという特別な仕事をする。シロアリは、この共生キノコが与えてくれる糖を消費する。

シロアリの能力が発揮されるのは、これだけではない。彼らはサヴァンナの生態系に不可欠な「キーストーン」種でもある。シロアリの塚は土壌の形成を促進し、周囲の樹木の果実の大きさや数を増やし、近傍(きんぼう)で生活する昆虫の繁殖率を高め、そして塚のまわりの基礎生産を全般的に押し上げるのだ。それは人工衛星からも見えるほどだ！

6章 アンテロープのウェーヴ

みなで草を食むアンテロープ。そんな光景を目にしたとしても、劇的な光景には見えないかもしれない。しかし、アンテロープが繰り返す行動の陰には、進化の驚異が隠されている。それは、雲のようなムクドリの大群、演奏後の拍手喝采、捕食者から逃げる魚たちの群れ、ホタルたちの光の点滅、パリの外周環状道路の交通渋滞といった、ほかのたくさんの奇妙な現象と同じメカニズムを共有している。

アンテロープは見かけほどばかではない。彼らは、生き残る確率を最大にするために、自分の行動を調整する術を心得ている。第一の戦略は集まってひとつになること。集団になることによって、捕食される確率が減らせる。しかも、一緒にいる仲間が多くなるほど、その確率は減る。いわゆるリスク「分散」効果だ。一〇頭でいれば、ライオンの標的になる確率は、一頭でいる時の一〇分の一になる。集団になるもうひとつの利点は、まわりを見張る目の数が多くなること。見張る仲間が多ければ多いほど、不意の攻撃に気づく確率もそれだけ高くなる。このよう

水場で水を飲む個体の間で、警戒姿勢が隣から隣へと伝わってゆく。

に、共同での警戒は各個体の生き残りに役立つ。群れで生活する利点は、通常はこの二つの効果によって説明される。

しかし、アンテロープがもっと利口なら、労力を減らすために「きみが見張ってる間は、ぼくが食べて、一〇分ごとに役割を交替しよう」といった調整もできるかもしれない。極端な場合には、一頭が警戒にあたり、ほかのすべての個体が草を食むのに集中することだってできる。しかし彼らは、集団のために一頭が見張り役をする戦略ではなく、隣と同じことをする戦略のほうをとる。「隣がまわりを見張るために頭を上げたのなら、ぼくもそれにならって頭を上げ、危険がないことを確認しよう。隣が頭を下げたなら、とりあえず危険はないということだから、ぼくも安心して食べよう」。実際、それぞれの個体は、草を食べていたいという欲求と、隣と同じことをしたいという欲求の間で揺れ動く。この単純に「隣」と同じことをすることが、集団内に警戒の波を広げる。ちょうどサッカーでゴールのあとにスタジアム内に広がるウェーヴのように。この集団的警戒の波の出現は、集団レベルの複雑な行動が実際には隣をまねるという単純なルールによって――局所的にそれが多数回繰り返されてゆくことによって――生み出される。

このような行動は個体レベルではどのように選択されたのだろうか？ 心に留めておくべきことは、進化においては隣の個体より速く走ればよく、もっとも速く走る必要はないということである。実際、警戒していない個体は、警戒している個体よりも捕食者によって捕まえられる確率が高い。もしあなただけが警戒し、まわりのだれも警戒していないなら、彼らはあなたのまえで食べられてしまうかもしれない。逆に、あなたが危険に気づいた最後の者なら、状況はよいとは言えない。こうした遅れを避けるためのよい方法は、隣が警戒を始めたら自分も即座に警戒状態に入ることである。単純なルールから生じるこうした複雑な現象は、「自己組織化」と呼ばれる。こうして、個々の個体の行動を動機づけている単純な法則を知ることで、集団の複雑な最終結果が説明できるようになる。

もうひとつの典型的な例は魚群である。魚は、性別や年齢がさまざまな五〇〇〇尾ほどの個体からなる群れを形成することがある。この群れは、動きがよく同期した均質な集団になる。あまりにまとまった動きをするので、神経系を備えたひとつの巨大な生き物、「超有機体」のようにも見える。魚群の場合、三次元空間内で動きを同期する必要があるにもかかわらず、そのルール

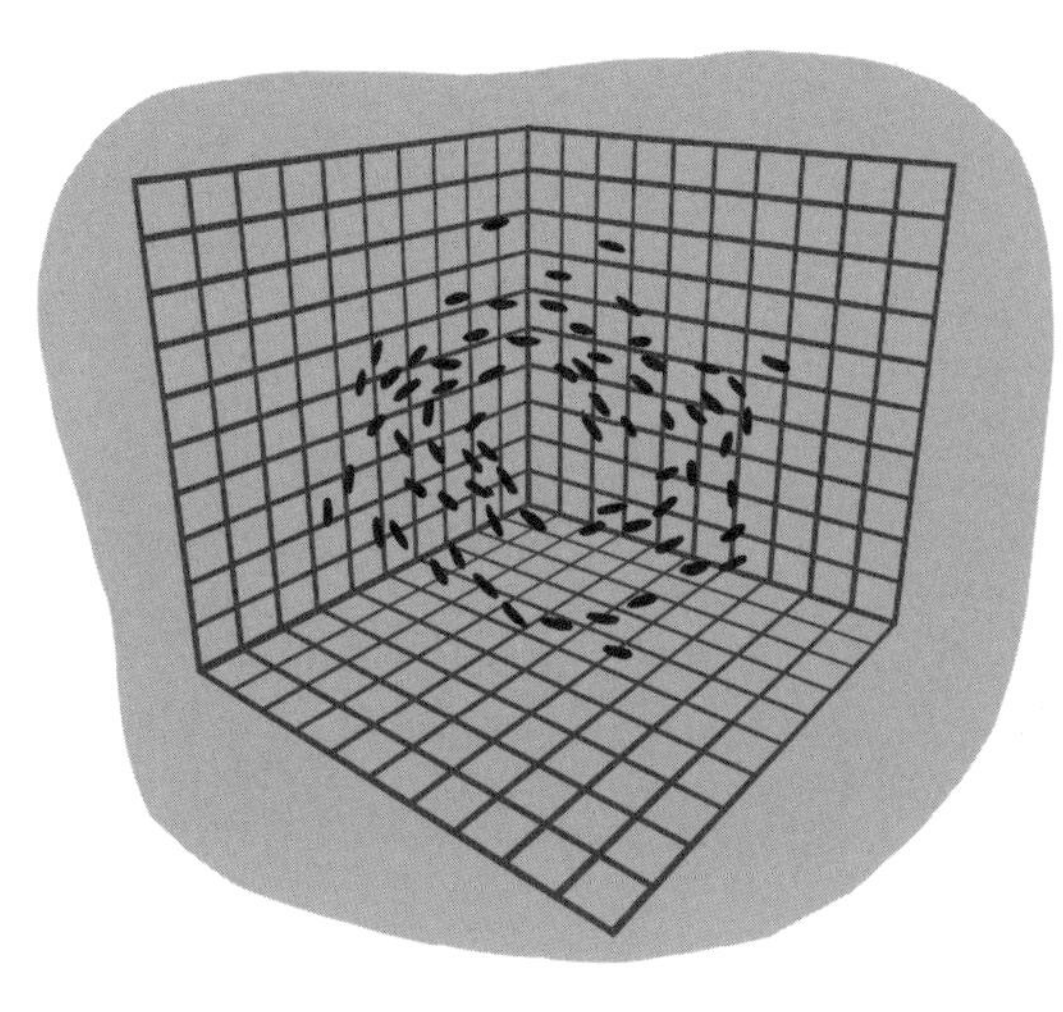

魚群のコンピュータ・シミュレーションは、この集団のもとにあるルールを明らかにすることを可能にする。

はアンテロープの警戒の場合よりもほんの少し複雑なだけだ。

よく組織化された魚群を形成するにはどうすればよいだろう？　やり方は簡単。次の三つのルールに従うだけでよい。その一、距離が近い場合には斥力をはたらかす。隣が近づいてきたら、その分だけ遠ざかる。その二、距離が遠い場合には引力をはたらかす。集団から離れすぎたら、近づく。これら二つの行動は、魚群全体の凝集性に欠かせない。そしてその三、隣と同じことをし、隣と同じ方向に行く。この右ならえ方式によって、すべての魚が急に、しかも一瞬で向きを変えることが可能になる。各個体の反射の速度で、同じ行動が集団内に伝播(でんぱ)する。

これらの複雑な行動が単純なルールのセットによって説明できることを証明するため

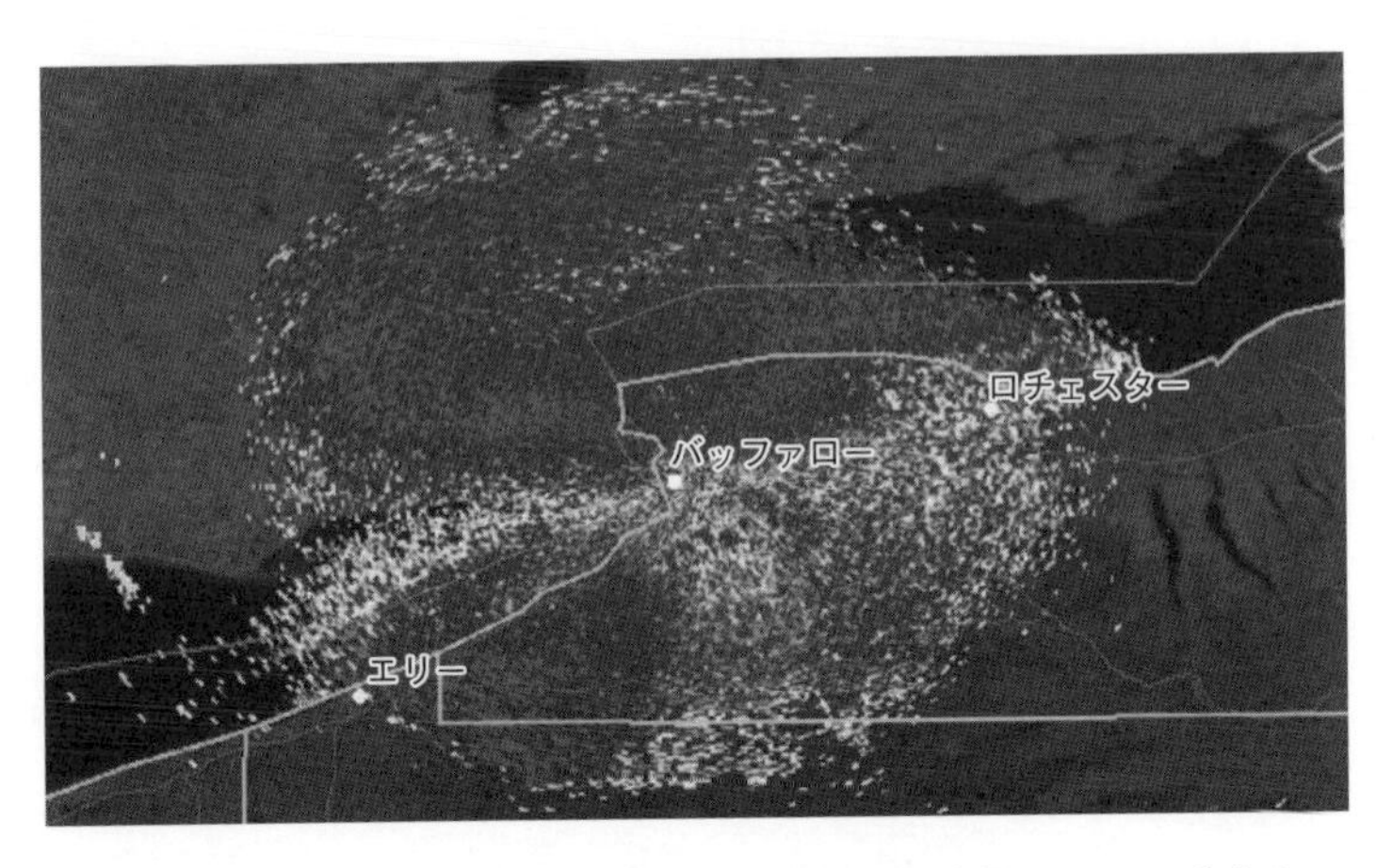

鳥の大集団。レーダーで見ると、集団のこの「銀河」の直径は240 kmもある。

に、研究者たちはこの三つのルールからなるアルゴリズムを用いてヴァーチャルな魚たちをコンピュータ上で動かしてみた。その結果、魚たちは均質な魚群を形成し、捕食者の攻撃に対して素早く反応した！　三つの単純なルールからなるこのモデルを用いて、研究者たちは魚群だけでなく、人間の群衆やムクドリの大群の動きなど、集団行動の多くの現象も説明できた。

このモデルは、スタジアム内で発生した火事から逃げる観客といったように、パニック状態にある集団がどう行動するかを知るのにも使える。実際、これらの場合にも、個々の人間は、ほかの人間を避ける、壁を避ける、できるだけ速く逃げるといった三つの単純なルールに従っている。シミュレーションのおかげで研究者たちは、たとえば出口付近で詰まってしまうということが起こらないように、パニック状態の観客を適切に避難誘導するシステムを提案することができた。

ヒトでの現象について言えば、みなでする称賛の拍手がある。この現象の味噌は、競技や演奏を讃えるためにできるだけ際立った拍手をしようとする一方で、みなと同じように手を叩こうとする――乱れることなく同時に拍手することが陶然(とうぜん)とした集団現象を形作る――ということである。そこにあるのは二つの単純なルールで、これが脱同期（ばらばらの拍手）と同期（ひとつに合った拍手）のサイクルを生み出す。個々の人間は、たくさんの大きな拍手をしたいという欲求と、まわりに同期させるために拍手の回数を減らす必要性との間で揺れ動く。このように、競合する二つの拍手のしかたがあり、隣どうしの同期が拍手の波をホール全体に広げる。アンテロープも相互排除的な行動――食べ続けるか警戒するか――をもち、隣の行動を次々まねるということを思い出してほしい。そのメカニズムは同一であるように見える！

これから言えるのは、三つの単純なルールでムクドリの大群のような目を見張る現象が生み出されるのだから、複雑そうに見える全体行動も個体レベルでは複雑でないことがあるということである。これは、単純なルールが次から次へと反復されることによっている。実際、密接に関係した多数のメンバーからなるどんなシステムも、こうした性質を示すように見える。このようなプロセスは「自己組織化」と呼ばれる。事前の計画などなしに、局所的な相互作用が集まってひとつのシステムをなすのだ。

こうした集団行動の出現には、二つの条件が満たされる必要がある。第一の条件は、閾値(いきち)――

たとえば相互に作用し合う一定数の人間や動物――が存在し、それを上回る必要がある。実際、その値を下回れば、集団行動が生じることはない。拍手喝采がホール全体に広がるには、その値をひとりでも超えなければならず、これをするのがフロアディレクターの役目だ。魚群の場合には閾値は空間的であり、隣から遠ざかろうとし始める斥力のゾーンと、仲間に近づこうとし始める引力のゾーンとが存在する。第二の条件は、いわゆるフィードバック・ループである。自己組織化現象の出現には正のフィードバック（「あればあるほど増える」）が必要である。たとえば、まわりが警戒していれば、自分も警戒するアンテロープが増える。近隣の魚がある方向を向ければ、その方向を向く魚も多くなる。拍手をする人が多いほど、それに加わる人も多くなる。この単純なメカニズムが閾値の効果と一緒になると、警戒の波の形成が説明できる。隣に警戒している個体が閾値以上の数いれば、自分もそれにならって警戒し、それが隣から隣へと広がってゆくと、堰（せき）を切ったように警戒のなだれが起きる。というのも、参加する個体の数が多くなればなるほど、この現象は加速されるからである。もちろん、こうした驚くような現象が生じるもうひとつの前提条件として、反射的にまねることが必要である。別の言い方をすると、みなが同じように動機づけられている必要がある。

自己組織化された集団行動がどのように生み出されるかを要約してみよう。まず同じ動機によって動かされる個体がたくさんいる必要がある。次に、単純な一定のルールが近くの仲間との関係で各個体の行動を決定する。そして最後に、閾値を超えることでフィードバック・ループが始動する。これからわかるように、一見複雑そうな行動に見えても、多数の単純な相互作用の結果のことがある。動物の集団行動は、大きな脳の存在を仮定しなくとも、いくつかの単純なルールによって説明できるのだ（人間の集団行動の多くもそうだ）。

集団行動は、個々の人間や動物が均質な場合にはとりわけ容易に生じる。まわりにあるこうした集団行動ですぐ思い浮かぶのは、交通渋滞、みなが株を売ることで引き起こされる株式市場の暴落、光の明滅を同期させるホタル。そして生態系の「カタストロフィックな移行」もそうだが、これについては14章でとりあげよう。

7章 ゾウの独裁とスイギュウの民主主義

まえの章で見たように、複雑な集団行動を生み出すのにそれほどのものは必要ない。単純なルールと決定の閾値の組合せによって多数の個体が動き、互いにまねするのが繰り返されるだけでよい。もちろん、それぞれの個体の欲求が違いすぎてはいけないし、まわりに従うことが大きな不利益をもたらしてもいけない。でないと、彼らの間で同期して動くことが難しくなる。

しかし、次のような疑問も生じる。集団のなかの個人どうしは、利益が異なったり、異なった意見をもっていたりするのに、どのようにして合意に達するのだろうか？　極端なケースを考えた場合、一方にはみなに代わってだれかが決定するという独裁制があり、もう一方には「みなが関与する合意」——みなが等しく最終決定に参加する——という民主制がある。それぞれの利点を理解するには、少々説明が必要だ。でも、説明はそんなに複雑ではない。かりに、あなたがタイタニック二号に乗船しているとしよう。ある夜、船長は次のような難しい決定をしなければならなくなった。氷山を避けるのに左右のどちらに舵（かじ）を切るべきか。この船長は民主主義を尊ぶ人間で、徹底した統計学者でもあった。一〇一人の乗客が招集され（あなたもそのひとりだ）、それぞれ左か右かどちらかに投票してくれと言われる。全員の投票が終わったら、あとはなにも考えずに、過半数の選択のほうを実行に移すのだという。彼が言うには、この場合にそれぞれの乗客は必ずしも正しい選択ができるわけではなく、それぞれは誤るリスクが四〇％あるとのこと。ということは、コインを投げて表か裏をあてる（「五〇％の確率で誤る」）場合よりもほんの少しよいだけである。しかもこの投票では、ほかの人間がどちらに決めたかはわからず、自分がどちらに決めたかもほかの人間にはわからない。これは怖い。あなたは、もし船が氷山にぶつかりでもしたら、それは自分のせいかもしれないと思う。あなたが誤った選択をし、ほかの人間も誤り、それらが累積したならどんな結果になるか。それを想像して不安になるが、船長はそんなあなたに、不安になっているのは統計学を知らないからだと説明する。自分がしっかり泳げるかどうかも心配なのに、統計学がなんの関係があるのか。船長はあなたにこう説明する。

「乗客のみなさんそれぞれが四〇％誤るおそれがあるということは、逆に言えば、確率的に六〇％は正しいということです。これは、一方の側が少し軽いコインがあって、このコインを投げると、その側が表になるのが偶然よりも一〇％だけ高く、このコインを一〇一回投げるのと同じことになります。左か右かの投票は、コインを多数回投げて得られる結果を予測するのと同じ法則、二項分布によって記述できます。二項定理をあてはめると、一〇一人が投票した場合、過半数は一〇〇回中九八回は正しくなります」。

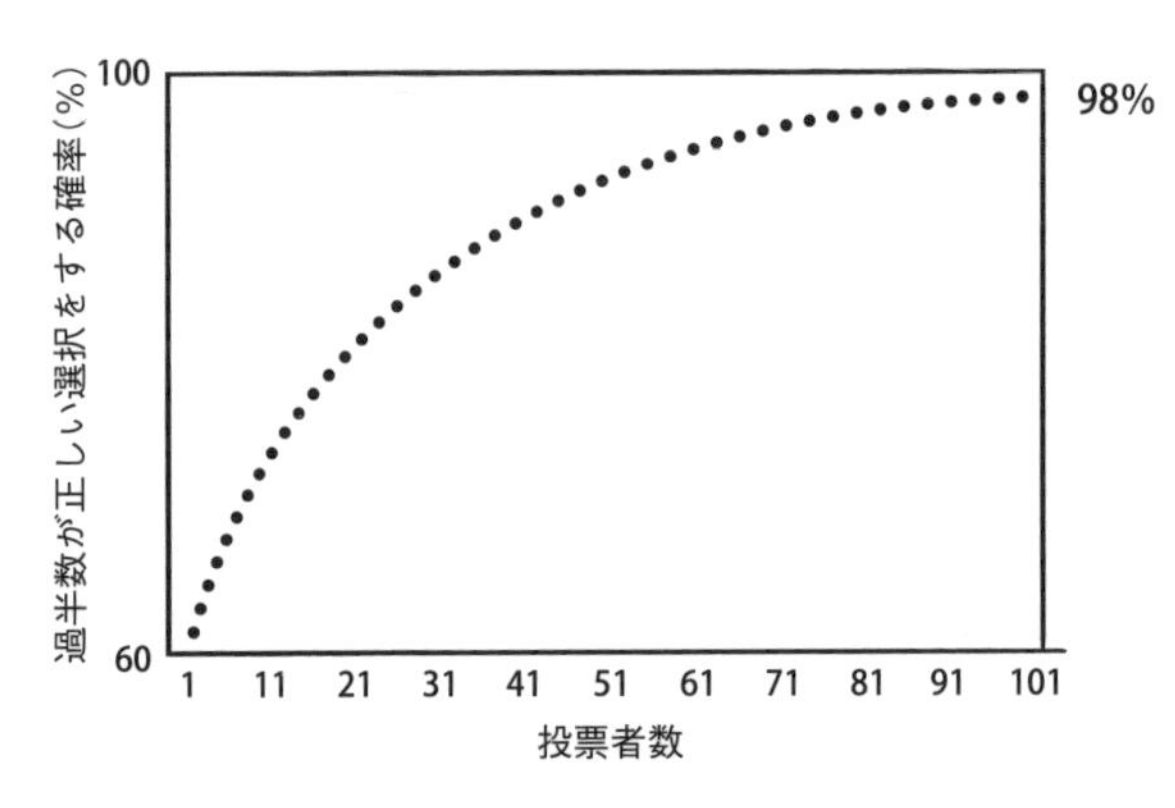

101 人の乗客が投票した場合、過半数（51 人）が正しい選択をする確率は 98%だ。

ここで、それぞれの人間が六〇％正しいという確率で、過半数が五一人だとして、横軸に投票への参加者数をとると、上に示すようなグラフが得られる。

これは、正しい選択をする確率が六〇％しかないとしても、一〇一人のうちの過半数が正解を選ぶ確率は九八％だということを意味する。あなたは投票を終え、結果は過半数が正しく、間一髪のところで氷山を回避する（セリーヌ・ディオンの主題歌を聞かなくて済んだのだ、やれやれ）。一定の条件下では個人個人の集合はひとりの個人よりも正確だということは、歴史的には何人もの学者によって発見されてきた。なかでもよく引用されるのはアリストテレス（「多数者のほうが、よりよい判断をする」、『政治学』）だが、コンドルセ――いま示した分析は彼によるものだ――やダーウィンのいとこのフランシス・ゴールトンも同じような発見をしている。

チャールズ・ダーウィンといとこのフランシス・ゴールトン。
2人のひげの違いに注目。

ゴールトンは博識として知られ、探検家で、天才的な統計学者でもあった。量的遺伝学から気象学までさまざまなテーマに取り組み、羽毛入りの寝袋を広めたり（よいことだ）、優生学を創始した（いろいろ問題あり）ことでも知られる。この魅力的な人物は、ダーウィンと対比して悪人のように見えることが多いが、それはとりわけ、彼の考えがナチスの思想のなかに採り入れられたからである。このいとこどうしの対比は、ダーウィンが進化生物学の父として半ば神格化されることによって、さらに強められている。ダーウィンの「解放的な」科学は、聖書に書かれていることに科学的反証を与え、ヒトを生物界のしかるべき位置へと連れていってくれた。一方、ゴールトンは、その知識を疑わしい思想を正当化するために用いたよからぬ科学者のようにみなされている。ぼくの目から見ると、これには見かけも関係しているように思われる。ダーウィンはサンタクロースのような顎ひげなのに対し、ゴールトンは印象のよくない短い頬ひげだ。彼がだれからも好かれないというのも納得がゆく。

さて、個人個人は不正確なのに、集団になると正確な答えを見つけられるという印象的な能力の話に戻ることにしよう。ゴールトンは一九〇七年にこの能力に出会ったが、それは、農業市で時折行われるゲーム——「ウシの重さをあてたらお持ち帰り」ゲーム——の結果を調べていた時のことだった。八〇〇人の参加者のだれひとりとして、そのウシの正確な重さ（五四三・四〇キロ）をあてることができなかった。個人ごとに見ると、農民のほうが正解からかなりはずれた値を答えた。ところが、全員の値を平均してみると五四二・九五キロになり、正解とわずか〇・四五キロしか違わなかった。つまり、個々の値を集めると奇妙なことに正確な値に落ち着くが、これは純粋に統計的にそうなるのだ。それからちょうど一〇〇年後の二〇〇七年、スコット・ペイジは、その著書のなかで、群集を構成する個人の多様性が最終的な正確さにとって不可欠であることを示している。彼の公式では

集団誤差 ＝ 平均個人誤差 － 推定値の多様性

つまり、集団誤差を減らすためには、個人の誤差を小さくしてもよいし、推定値の多様性を大きくしてもよい（一二五ページ参照）。

スイギュウは自分の望む方向に体を向けて投票する。

とはいえ、この公式できれいに説明できるにしても、そもそも動物が民主的にイエスやノーの投票をしたりするだろうか？　しているとしたら、どうやって？

動物の場合、投票はいわば挙手方式で、特定の姿勢、特定のしぐさや声がそれに相当する。たとえば、ミツバチが新しいコロニーを選ぶ場合には、ダンスを踊って、自分が投票する場所の方角と距離を示す。スイギュウの群れが新しい場所への移動を決定する際には、雌は立ち上がり、自分が行きたい方向に向いて頭を上げ、そして再び横になる。このようにして何頭かの雌が好きな方向に「投票」し、群れは個々の投票の中間の方向に——投票された方向の平均値より三度以内の誤差の程度の正確さで——向かって歩き出す。選ばれた方向が二つの異なる方向に集中した時には、群れは二つに分裂する。

実際には、投票による決定方法には、過半数（アカシカ、ゴリラ）、平均（スイギュウ）、一定数以上（ミツバチ）といったようにいろんな種類がある。集合的決定の背後にある理論は、合意がもっとも有効な方法であり、「集合知」による最終選択の正確さを最大にし、極端な決定を最小にすると仮定している。一方、集団が独裁者を受け入れるのは、その独裁者がもっている情報とそれ以外の者がもっている情報の間に大きな隔たりがある場合だ。「リーダーに従う」ことがもっとも有益な選択になる――それゆえ進化によって選ばれる――のは、この状況に限られる。

しかし実際には、みごとなまでに独裁制を採用している動物種も多くいる。実のところ、集合知を予測する理論的モデルは、それが機能するにはいくつもの条件があり、そこがこのモデルの弱点だ。第一のものは、満たすのがおそらくもっとも難しい。群衆の賢さが機能し、確率がタイタニック二号の例のように「累積する」ためには、各自がまったく自主的に選択をしなければならない。もし話し合えるとすると、個人の意見は独立でなくなり、意見の総計はコンドルセが予測したような正確な判断ではなくなる。動物の世界では、個体どうしがお互いに行動を強くまねる状況も多く、ヒトでも、決定に社会的状況が大きな影響力をもつことがある。

一九五〇年代、ソロモン・アッシュはそれを示す実験を行った。次のページに示すような図を学生に見せ、視覚能力を調べる実験だと偽って、左側の線分と同じ長さのものは右側の三本の線分のうちどれかを聞いたのである。学生が単独で聞かれた時には、九九％が正しい線分を選んだ。しかし、アッシュの関心は社会的圧力の強さにあった。この実験には役割をもった「サク

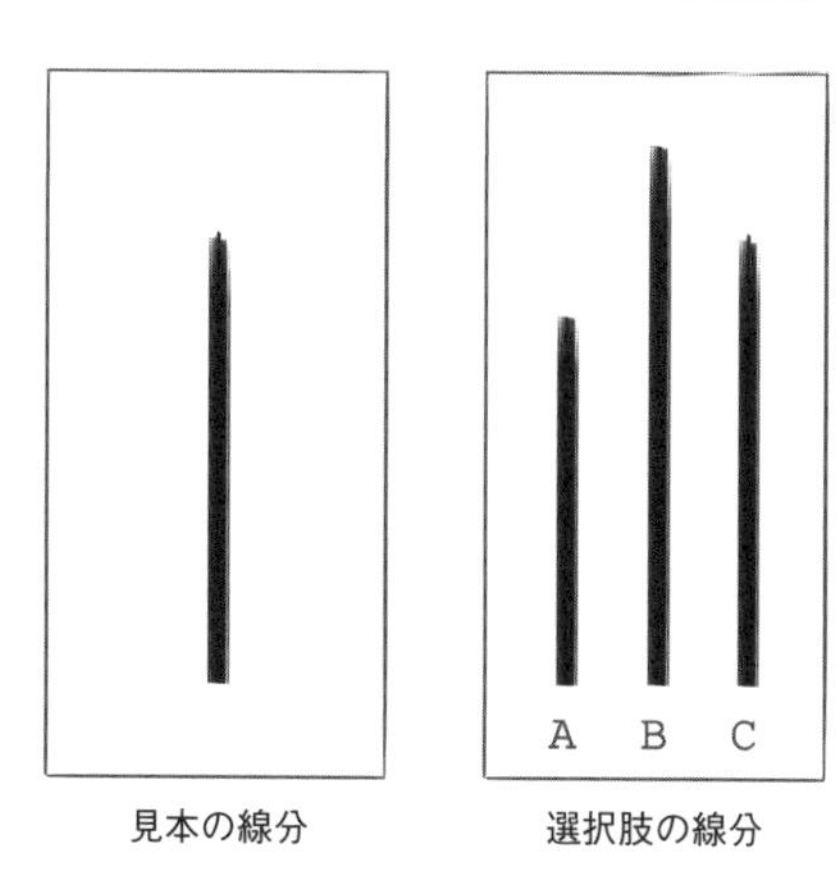

アッシュの社会的同調の実験。

ラ」の学生も参加していたが、テストを受ける学生にはその役割がわからないようになっていた。テストされる学生は、視覚が正常なほかの学生と一緒にテストを受けていると思い込まされていた。

サクラたちと本当の被験者がテーブルを囲んで座っており、それぞれが順に自分の回答をみなに聞こえるように言ってゆく。アッシュは、これらのサクラたちが特定の回でだけ同じ誤った答えを言うように仕組んでいた。被験者は回答を言うのが最後で、ほかのサクラたちみなが回答を言うのを聞いた。結果は明瞭だった。四分の三の被験者が少なくとも一回以上まわりの回答に影響されて、彼らと同じ回答を――誤っていることがわかっていても――言った。

独裁の極端な例はアフリカゾウだ。ゾウは雄と雌が別々に暮らす。雌と子どもたちの群れはリーダーによって統率されている（カラー写真6）。このリーダーは群れのなかで最年長の雌である。ゾウは自然界では六〇~七〇歳まで生きるので、リーダーは経験に富み、捕食者、飢餓や旱魃といった危険を乗り越えるにはどうすればよいかを熟知している。実際、異なる年齢のリーダーに率いられた群れに向けてスピーカーでライオンの鳴き声を流した実験では、そのリーダーの年齢が高いほど、群れはこの捕食のシミュレーション状況に素早く的確に反応した。すなわち、年齢の高いリーダーは、雄ライオンと雌ライオンの鳴き声を聞き分け、雄ライオンの鳴き声に対して強い警戒を示した。しかし、若いリーダーはそうではなかった。

したがって、次のように説明できるだろう。独裁制がこのようにゾウで進化したのは、特定の個体がほかの個体よりも重要な経験をするだけの時間があり、両者の間には知識に大きな開きがあるからである。フランシス・ベーコンの言う通り「知は力なり」なのだ。

しかし、ゾウの場合は特別なのかもしれない。ゾウは長生きし、しかも記憶力がよい(ゾウの記憶力のよさは有名だ)ので、経験が蓄積する。独裁を採るほかの動物の場合に、リーダーの出現をこれで説明するのは難しい。これには別の仮説がある。

ひとつの仮説は、リーダーがもっとも大きな生理的欲求をもった個体だというものだ。シマウマでは、水場へと群れを率いてゆくのは子どものいる母親である。というのは、もっとも頻繁に水を飲まなければならないのは母親だからである。ほかの者たちは、集団の凝集力を維持することが自分たちの利益になるので、それに従う。もうひとつの古典的な仮説は、リーダーが大きく

2　ブチハイエナの雌は、平均的に雄より少し大きいものの、それ以外の見かけで性別を見分けるのは難しい。これは、雌の身体的特徴が雄によく似ているからである。なかでも、クリトリスが長く（18 cm になることもある）、一見ペニスのように見える（p. 8 参照）。想像してみるに、ペニスをペニスのような器官に挿入するのは容易なことではない。ここから次のような仮説が生まれる。雌は、擬似ペニスによって雄に交尾の難題を課すことで、有能な雄を選んでいるのかもしれない。生物学者にとって、このいささか場違いな器官の進化的理由はいまだに謎である。（©Wikimedia commons, Stig Nygaard）

1（前ページ）　キリンの首にとまろうとしているウシツツキ。この鳥は、キリンの毛のなかに潜んでいる寄生虫を食べるが、くちばしで皮膚に傷をつけて血も吸う。共生と寄生の境界にある微妙で興味深い例だ。

3　食べ物を求めて別の場所に移動中のオグロヌーの群れ。19 世紀末、牛疫ウイルスが東アフリカに入り込み、家畜のウシに、そしてスイギュウやヌーなど野生動物にも甚大な被害をもたらした。数年のうちに、このモルビリウイルスはアフリカ全土に広がり、おそらく数百万頭が犠牲になった。幸いにして、このウイルスは現在は根絶されている。

4　インパラの 2 頭の雄が闘っているのを見ている雌。とはいえ、繁殖の時期は終わっているので、この闘いは遊びで、なわばり争いをしているわけではない。

5　アフリカスイギュウの群れ。ワンゲ国立公園のグウェスラの水場に数百頭が集まっているところ。彼らが突然大勢でやってきたため、まえからこの水場にいたカバが怒って、激しい対決になった。スイギュウは集団で移動するが、これによって安全性も確保される。個体数が多くなることによって各個体が捕食される確率が薄まるのと、捕食者を警戒する目もそれだけ増えることになるからである。

6　年長の雌に率いられたゾウの群れは、一団になってニャマンドロヴュの水辺にやってくる。ここはたくさんの動物が集まってくるところとして知られている。リーダーの年齢は、群れの安全にとって重要な要因であり、年長の雌のゾウほど、長い経験のおかげで危険な状況に適切に対応することができる。

7　夕暮れ時、ワンゲ国立公園の端にある人間の居住地のそばにやってくるキリン。キリンにとってそこが安全なのは、捕食者が人間の住むところに近寄ろうとはしないからだ。とはいえ、たまにライオンがやってきて襲うことがある。

8　昼間にヒョウを見かけることはまれである。この時は偶然出会うことができたが、カメラを取り出して構えた時には、すでに背の高い草むらへと入っていくところだった。おそらく体を休めて、狩りに絶好の時間帯である夜を待つのだろう。

9　夕暮れ時、水場に水を飲みにやってきたクーズーの雌たち。夕暮れ時は捕食者に襲われやすい時間帯で、警戒の必要があり、2頭がまわりを見ている。クーズーは、だれが見張り役かを決めるために協力し合うのではなく、すぐ近くの者と同じ行動をとる（隣が警戒しているなら、自分も警戒する）という方式をとる。

10　この泥の山――見捨てられたシロアリ塚――に魅力的なところなど、なにもないように見える。しかし、この山から突き出た枯れた木の幹は、コロニーが活動していた時には肥沃だったことを示している。シロアリの塚の複雑な内部構造と、巣の換気をするためにシロアリが編み出した解決法を知ると、この泥の山が驚くべきものだということがわかる。

11　細い縞もあれば太い縞も、黒っぽい縞もあればそうでない縞もあり、シマウマの身体の模様には大きな個体差がある。少し訓練すれば、縞を見ただけで個体識別ができるようになる。フィールドでシマウマの調査をする場合には、これはきわめて実用的だ。しかも、脇腹の縞模様は左右対称ではないのだ。縞模様の形成に関与するメカニズムについては、モデルがいくつか提案されている。この問題に最初に具体的なアイデアを出したのは、計算機科学の父、アラン・チューリングだった。1952年発表の論文「形態形成の化学的基礎」のなかで彼は、最終的に生じる縞模様がいくつもの局所的相互作用の結果だと示唆した。彼の考えは、生物学におけるいくつもの現象を理解するのに貢献した。

12　シマウマでは縞模様が個体識別のために役立っていると考える研究者もいるが、現在真剣に検討されているいくつかの仮説はもっと風変わりだ（p. 29 参照）。

13　生後数カ月の子どものシマウマ。生まれたばかりの時には縞はチョコレート色だが、数カ月後にはこのように栗色になる。成長するにつれて、毛は黒ずんでゆくと同時に、密ではなくなってゆく。

16（次ページ）　サヴァンナの日没直後。空には星が見えている。まわりに人工照明がないため、フンコロガシは邪魔されることなく自分の巣へと糞の球を転がしてゆくことができる。方角の基準にしているのは天の川だ。

14　夕暮れ時、まわりを警戒しているクーズーの若い雄。夕暮れ時はサヴァンナの草食動物にとって、もっとも危険な時間帯である。ライオンなど多くの捕食者は、この時間帯に狩りをする。

15　数十頭で暮らすインパラの群れ。この集団については、警戒状態を喚起する要因、その頻度、ほかの草食動物との生態学的関係などが長期にわたって研究されている。

17　セレンゲティ国立公園で撮影されたライオンの子ども。この子の父親がほかの雄によって群れから追い出された場合、この子には深刻な危険が降りかかる。「深刻な危険」とはもってまわった言い方だが、別の雄が群れを乗っ取ると、子どもたちは殺されてしまう。
（©Flickr, ganesh_raghunathan）

18　ミツアナグマ。体長が1 m 足らず、体重も10 kg を少し超える程度なのに、濃縮された攻撃性が詰まっていて、なにをするかわからない。後ろ向きに走ることもできるし、スイギュウを攻撃し、相手の睾丸を狙い、毒ヘビに噛まれても平気だ。ことば通りの「ならず者」だ。（Arab/Shutterstock.com）

19　左：アオアズマヤドリの巣。この鳥は、巣をプラスチックの切れ端で飾りつけることによって雌を誘い込む。（©Flickr, thinboyfatter）　右：青いナイロンの糸でできた巣。動物が人工物を再利用している例はたくさんある。ヒトの影響は、生態系への悪影響だけでなく、思いがけないやり方で動物の行動の変化も引き起こす。（©Flickr,minicooper93402）

20　雨季の終わり頃のワンゲ国立公園の自然の水場。この水場は浅く、乾季に入ると干上がり始め、水飲みにやって来ていた哺乳動物たちは来なくなる。

21　乾季の中頃のサヴァンナ。中央にあるのは放棄された滑走路。草はしだいに乾燥し、このような金色になるが、雨季に入ると、初めの雨がこの場所を緑色に変える。数カ月だけに雨が集中することは、ここに生息する生き物を、特殊な形態や季節的移動などを通して、この季節的サイクルに適応させた。ワンゲ国立公園の場合には、ディーゼルポンプの導入によって季節的移動の習慣が——とりわけゾウでは——大きく変わった。

22　このヴェルヴェットモンキーは、人間の居住地のゴミ捨て場で食べ物を漁っている。世界中のいくつかの地域では、多くの種類のサルが人間の食べ物のおこぼれにあずかり、捨てられたものから栄養を得たり、台所に侵入して食べ物を盗んだりする。

24(次ページ)　南アフリカのシュルシュルーエ・ウンフォロージ動物保護区。夕暮れ時、今日最後のアカシアの葉を食べるキリン。

23　ムクドリ属の一種、ツキノワテリムク。この鳥は、ワンゲ国立公園の観光客用の宿泊施設のまわりで生活し、公園内を見学した観光客が残していった食べ物を食べている。人間によく慣れ、観光客の出す数々のごみを有効に利用している。

重く、攻撃性の高い個体だというものである。身体的に有利なリーダーは、雌への接近（したがって繁殖の独占）をめぐる雄どうしの競争では優位に立ち（ヒヒ、シマウマの場合）、さらに争いの解決場面では中心的な役割を演じ（チンパンジーの場合）、最終的に群れ全体をよくまとめることができる。このような状況では、「従う」側はリーダーが時々おかす誤りの結果を甘受しなければならないが、捕食者の存在など生命の危険がある状況では強い社会的凝集力が得られる。要するに力の不均衡は、群れが正確さと凝集力の間で妥協するひとつの方法だと言える。

まとめてみよう。純粋に統計的な効果が意味しているのは、集団が自律的で多様な個体からなっていれば——それぞれの個体はどう行動すべきかについて漠然とした考えしかもっていない場合には——正確な答えを得ることができるということである。民主主義がなぜ機能するかは数学的に説明できる。これについては、スイギュウの例を初めとして自然界にはたくさんの例がある。しかしもう一方では、階層的な社会構造の例もある。たとえば、特定の個体が圧倒的に経験豊かな場合（ゾウ）、特定の個体の力が強く、集団の争いを解決できる場合（チンパンジー）、特定の個体がより重要な欲求をもっている場合（シマウマ）である。とはいえ、動物における独裁制のすべてが容易に説明できるわけではない。動物の社会組織というテーマは、行動生態学においては盛んに研究されている。それらの研究がいつの日かより有効な政治システムを考え出すのを助けてくれることに賭けるとしよう。

8章

嘘つきアンテロープ

他者を思い通りに操ったり、繁殖のチャンスを高めるために異性を操作したりするのは、なにも人間に限ったことではない。ケニアにいるアンテロープの一種、トピの雄たちは、自由になりたいと思っている雌を、いまのハーレムに留まるほうが得策だと思い込ませる。それどころか、それを利用して交尾もする。この嘘つきたちはどのようにしてそれをするのだろう？

やり方は簡単。雄は、なわばりから出ていこうとする雌に向けて、警戒の叫び声――通常は、背の高い草むらに捕食者が潜んでいることを知らせるのに使われる――を上げるのだ。雄はすぐれた役者で、雌が行こうとする方向を警戒するような素振りを見せ、そちらをじっと見て、耳をそば立て、すぐ跳べるように筋肉を緊張させる。言わんとしているのはこうだ。「そっちには行くな！　食べられちまうぜ！　こっちに来るといい。美味しいものもあるしさ」。この叫びを聞いた雌は気が動転して、すぐに群れに戻り、雄は一〇回に一回程度はこの機に乗じて雌と交尾する。おそらくそれで、その雌を安心させているのかもしれない。

8章　嘘つきアンテロープ

トピの雄は、なわばりの外に出ていこうとする雌を戻すために、警戒の叫びを発する。

トピの雌が発情していない時、すなわち受胎可能な状態にない時には、雄はそこまではしない。雄の間の性的競争が激しいトピの場合、雌を操る行為は、交尾の回数（結果的には生まれる子の数）を増やすことを狙っているのだ。目的を達成するために誤った信号を送る（嘘をつく）のは、アンテロープや人間に限らない。シジュウカラ、チンパンジーやリスも嘘の警告の叫びを上げることが知られている。それによって競争相手を近寄らせなくして、食べ物や繁殖のための異性を手に入れるのである。

パートⅢ 一風変わった動物たち

社会的場面で注目されたいなら、驚くような生物学的現象のひとつや二つは隠しもっていたほうがよい。パートⅢでは、あなたのワンマンショー用のネタ——恐怖の、詩的な、ユーモアあふれる、あるいはサスペンスに満ちた話題——が見つかるかもしれない。

9章 フンコロガシと天の川

ぐるぐる回ることなく直進し続けるには、方角の基準となる固定点を用いるとよい。天空のものは遠くにあるため、これに使える。こちらがいくら動き回っても、天空のものとの位置関係はほとんど変わらない。海洋航海の始まり以来、船乗りは方角を知るためにこうした安定した基準を用いてきた。

太陽を用いてナヴィゲーションをするのはどうだろう？　これは容易だ。星を用いるのは？　これは複雑で、それができる動物種は限られている。たとえば、ゼニガタアザラシ、ズグロムシクイ、セグロヒタキ、そしてもちろんヒトも。天空の基準として天の川を用いるのは？　いまのところ、それができることが証明されている動物はフンコロガシ（タマオシコガネ）だけだ。

このフンコロガシは、ゾウの糞(ふん)の含有物を食料にしている。彼らは糞のかたまりを切り取り、それを丸めて団子状にし、そのあとそれを押して遠くにある自分の巣穴までもってゆく。夜行性のフンコロガシの種は、月のない夜でも目的地に直進することを可能にするシステムを発達させ

フンコロガシは、方角の手がかりに天の川を用いることで、直線を描いて巣に帰る。そのような手がかりがない時には、目隠しをした人間と同じく、同じところをぐるぐる回る。実験では、それぞれのフンコロガシは、頭に紙片をつけて空が見えないようにされた。

た。二〇一三年、スウェーデンと南アフリカの研究チームがサヴァンナでの興味深い野外実験を企てた。彼らはフンコロガシの頭に紙の目隠しをし、これら目隠しをしたフンコロガシとしていないフンコロガシがとる移動の軌跡を比較したのである。結果は明瞭だった。目隠しをしていないフンコロガシは目的地まで直線を描いて球形の糞を押していったが、目隠しをしたフンコロガシは方向がわからず、ぐるぐる回るだけだった。

研究チームは次に、この実験をプラネタリウムに持ち込んだ。星がある空、天の川がある空となない空を再現して、多少は面白半分で、フンコロガシが月のない夜に歩き回る時にどの光源を頼りにしているかを、いくつかの異なる状況でテストした。その実験結果は、野外での実験結果と一致した。フンコロガシは、道標(みちしるべ)として天の川しかない場合でも、直線の軌道を保つことができたのである。

ところで、ヒトも基準点が使えない時には円を描いて歩く! 二〇〇九年に行われた実験では、被験者は目隠しをして一直線に歩くように言われた。その結果、一部の被験者は直径がかなり小さい円(直径二〇メートル以下!)を描いて歩き、またほかの被験者は予測不能な歩き方をした。しかし、自分はまっすぐ歩いていると思っていた。この研究では、月の出ていない夜には、星が出ていてもぐるぐる回ってしまうことも示されている。そういうわけで、星を頼りに歩くという点でフンコロガシはヒト以上なのだ。

10章 ゾウの地震波

おかしなことに、人間は自分たちを孤独と感じ、伴侶のようなものを求めている。より大きくたくましい、本当に我慢強いなにものかを必要としている。イヌでは力不足だ。人間にはゾウが必要なのだ。——ロマン・ガリー『天国の根』（一九五六）

ゾウ。『天国の根』を読んでいなくても、ゾウと聞いただけで、サヴァンナの背の高い草のなかをのっしのっしと歩く、巨大で神話的な姿が思い浮かぶ。その特殊な体形が、ゾウを、鈍重だが心惹かれる、威厳ある存在にする。そのコミカルな鼻、円柱状の脚と立方体の胴体は可笑しみを誘う一方で、その堂々としたリズミカルな歩き方、印象的な防御のしかた、その威容は畏敬の念を呼び起こす。初めてゾウと対面すると、黙さずにはいられない。五トンの灰色の巨体をまえにすると、人は声をひそめて話すしかない。

ゾウは皮膚が厚いだけでなく、神話的なヴェールにも包まれている。たとえば、記憶力が抜群で、頭がよく、死を悼む（しかも遺体を墓場まで運ぶ）、ネズミをこわがる、などなど。よくあることだが、これらの神話には真偽が入り混じっていて（ネズミをこわがりなどしないし、墓場まで仲間の遺体を運んだりもしない）、逆に残念なことに、もっとも興味深いことが見逃されていたりする。この章では、これらの知られざる事実——都市伝説ぐらいには値する——のうち、いくつかについて見てゆくことにしよう。

まず、カレン・マッコムの紹介から始めよう。彼女は、イギリスのサセックス大学の研究者で、一九九三年からケニアのアンボセリ国立公園でゾウの認知やコミュニケーションを調べている。7章で紹介したゾウの群れのリーダーの年齢の適応的価値についての研究は彼女によるものだ。彼女はまた、ゾウがその地域の部族を区別しているということも発見している。その研究では、ゾウがカンバ族よりもマサイ族の匂いや衣裳の色に対して強いネガティヴな反応を見せることが示されている。その後マッコムは、言語音を用いて同様の実験を行っている。ゾウには見えないように隠したスピーカーから、マサイの人々とカンバの人々それぞれが発したことば「ほら、見なよ、ゾウたちが来たぞ」の録音音声をゾウの集団に向けて流した。もちろんゾウはこのことばの内容を理解しているわけではなかったが、話し手がどちらの部族かによってまったく異なる反応を示した。マサイ族は畜産で生活し、ゾウとは争いを起こすことがよくあり、時にはゾウを狩ることもあるのに対し、カンバ族は農耕民で、ゾウとの間で争いを起こすことはない。この実験では、マサイ語でことばが発せられた時にゾウに顕著な反応が見られ、このことは彼らが二つの言語を区別でき、マサイ族を潜在的に危険な人々とみなしていることを示している。その反応は、捕食者に対する典型的な反応だった。すなわち、防衛のためにみなが寄り集まるか、（相手に関する情報を求めて）鼻で激しくまわりの匂いを嗅ぐか、あるいは単純にスピーカーとは反対方向に逃げるかした。

実際、長鼻類（ゾウとそのいとこたち）には、私たち人類に苦しめられてきた歴史がある。二〇世紀だけでアフリカゾウの個体数は五〇〇万頭から五〇万頭以下にまで減ったが、これは狩りと生息地の破壊によるものだった。一九八〇年代の一〇年間に、ＷＷＦ（世界自然保護基金）は毎年一〇万頭のアフリカゾウが人間のせい（象牙や肉をとる）で死んだと推定している。しかし、こうした対立は現代だけのものではない。私たちの遠い祖先も徹底的にゾウやマンモスなどの長鼻類を狩っていた。最近の考古学的研究は、北アメリカに最初に住んだ人々の遺物とゴンフォセレ――生息地が北アメリカから南アメリカまで広く分布していたゾウの一種（パリの自然史博物館に行くと、その頭蓋骨を見ることができる）――の遺骸(いがい)とを関係づけている。この最初のアメリカ先住民、「クローヴィス人」は、一万五〇〇〇年前頃からすでにゾウ狩りをしていた。しかし、この傾向はアメリカに限らず世界規模で、しかもそれよりもはるか以前から見られた。七八万年前には、ゾウの生息地域はヨーロッパ、アフリカ、アジア、アメリカにわたっていたが、人類がそれらの地域に入り込んでゆくにつれてしだいに姿を消していった。ここで言う人類には、私たちホモ・サピエンスだけでなく、ホモ・エレクトスやネアンデルタール人も含まれる。人間集団がゾウを徹底的に狩猟していた地域では、ゾウは生き延びることができなかった。したがってゾウには、人間を危険な存在とみなすだけの十分すぎる理由がある。

アンボセリ国立公園のゾウに話を戻すと、マッコムは、ゾウが人間の男女を区別できるかどうかを知ろうとした。彼女は、ゾウは自分たちを狩る男性たちには反応するが、自分たちを襲うことのない女性たちには反応しないと予想した。マッコムは、まさにその通りのことを観察した。では、どのようにして男女を区別しているのだろう？　マッコムたちは、ゾウが声の高さ――女性のほうが男性よりも声が高い――を利用しているという仮説を立て、男性と女性の声の高さが同じになるように音声刺激を変え、再度実験を行った。結果はマッコムたちを驚かせた。音の高さを同じにしたにもかかわらず、ゾウは依然として両者を区別し、男性の声には警戒的な反応を示した。このようにゾウは、私たちが両者の声を区別できない場合でも、微妙な違いを聞き分けることができるようである。

マッコムは、ゾウの生活の知られざるもうひとつの側面にも光をあてた。ゾウは豊かで複雑な音の環境のなかで暮らしている。視力はとりたててよいわけではないが、嗅覚は鋭く、聴覚もきわめて正確である。マッコムたちの推定では、ゾウは平均で一四家族（ほぼ一〇〇頭に相当）の接触コールを識別できる。ゾウは以前に亡くなった家族のコールにも反応する。マッコムたちは次のような感動的な例を紹介している。「二年前に亡くなった雌のゾウの録音された声も、その家族に結集反応を引き起こした……ゾウたちはスピーカーのほうに近づき、その方向に向けて

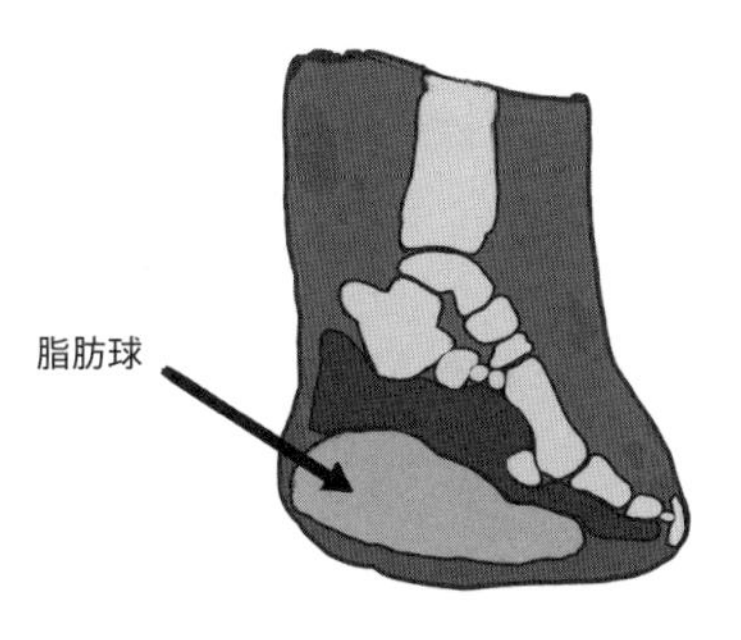

ゾウの足にある脂肪球は、地面を伝わるメッセージの受けとりを容易にする。

何度も接触コールを発した」。実際ここ数年で、ゾウの音響世界の理解にはめざましい進展があった。たとえば「ゾウの声」プロジェクトは、ゾウが発するさまざまな音声のデータベースを作成してきた。ゾウには、唸(うな)り声、吠え声、トランペット音、咆哮(ほうこう)、叫び声など、一〇種類ほどの異なる発声がある。ゾウが発声できる音域は人間よりも四オクターブ広く、人間の耳には聞こえない超低周波音でもコミュニケーションをとり合う。

ゾウが低周波の唸り（一〇～四〇ヘルツ）を発すると、その一部は空気中を伝わるが、そのほかは地震波となって土中を伝わる。ゾウは互いに情報を交換するために、地震波のような音波を送り、受けとる能力をもっている。地面はコミュニケーションの媒質として好適である。というのは、それを媒質として使う動物が少なく、雑音も少ないからである。しかも土は空気より密度が高いため、振動を遠くまで届けることができる。たとえば、体重七五キロの男性が跳ねて着地することで引き起こされる衝撃は一キロメートル離れたところ

ゾウは、遠方にいるほかのグループに地面を介してメッセージを送る。

でも記録可能であり、三トンのゾウの足の衝撃音の場合には三六キロメートル以上先まで届く！　ゾウは、これらの振動を前足で発し受けとる。ゾウの足底には脂肪球があり、この脂肪球は地面を伝わってくる信号をキャッチし、その信号の質も高める。脂肪球は地面の振動を集めるレンズとして機能するのだ（信号をできるだけとらえるために感度を高める仕掛けだ）。

受けとった振動は、次に足の骨、肩へと送られ、中耳に届く。私たちが空気の振動を聞いているように、ゾウは土の振動を聞いている。近親者がする警戒の唸りがわかるし、地震波がどこから来るのかも特定でき、すぐに防衛体制に入ることもできる。このように彼らには、サヴァンナじゅうに張り巡らされた地震波の本格的なネットワークがある！

ゾウは謎めいている。しかしその謎も、この一〇年の間に、研究者たちの熱心な研究によって少しずつ解き明かされつつある。彼らの社会的ネットワークの複雑さ、彼らの表現のしかたの多様さ、そして彼らの認知の豊かさがやっとわかり始めた。いずれこの神話的な動物について驚くような発見がもたらされるかもしれない。ロマン・ガリーは、その小説の登場人物モレルに次のように言わせている。「巨大なゾウを含むだけの度量と寛大さをもって人間性というものを考えるなら、それこそが文明の名に値する」。

11章 ミツアナグマ、世界一凶暴な生き物

ぼくはミツアナグマ贔屓なので、この章は客観性に欠けると最初に言っておこう。ミツアナグマはとんでもない動物の極致だ（カラー写真18）。獰猛さにかけては右に出る者がいないほどで、動物界では「ならず者」で通っている。彼らは噛まない。ずたずたに食いちぎるだけだ。彼らは叫ぶのではない。相手の鼓膜や陰嚢が破れるほど強力な音を発するのだ。ミツアナグマは弱りきった人間を治すとも言われる。彼らを見ているだけで、活力や男らしさが取り戻せる。

ミツアナグマはイタチ科の動物で、やられたらやり返すという性質をもつ。ほかの捕食動物はミツアナグマのまえでは身のほどをわきまえている。というのも彼らは、ミツアナグマが大目に見てくれるのは一度だけだということを知っているからだ。公共の利益のために、そして教育的配慮から、だれもがペットとして一頭を飼うべきかもしれない。とはいえ、ミツアナグマと一緒にいたとしても、ペットになるのは人間のほうだけれど。テストステロンが炸裂する猛り狂ったマシーンさながらに、この動物は敵にパンチを浴びせ、大きな足で急所に蹴りを入れる。さて、

11章　ミツアナグマ、世界一凶暴な生き物

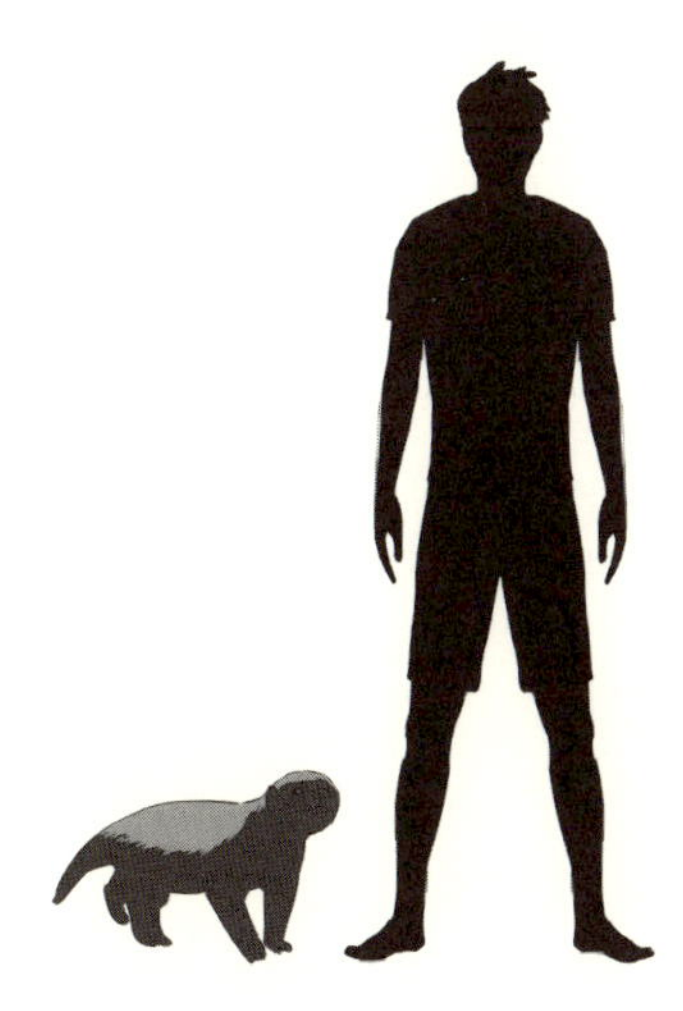

ミツアナグマの体長は平均70 cmだが、この体に途方もないほどの暴力性、憎悪とテストステロンが詰まっている。

心の準備をして、ミツアナグマを迎えることにしよう。

ミツアナグマ（ラーテルとも呼ばれる）は、アフリカとインドに生息するイタチ科（アナグマやカワウソもそうだ）の見栄えのしない小型の動物である。雄でもっとも大きなものは体長が（尾を含めると）一メートル、体重が一五キロで、中型犬ほどの大きさだ。相手がつかまえた獲物をかすめとり、相手が刃向かおうものならすぐさま悶絶させる。一見したところ、サヴァンナ一の荒くれ者のようには見えないのだが……

しかし、もしチンギス・ハンが、マッドサイエンティストによって作り出されたホオジロザメ、グリズリー、ダイオウイカのＤＮＡをもった動物をペットにしたら、その時には格闘技の指南役にミツアナグマを指名するだ

ろう。それもそのはず、ミツアナグマは二〇〇二年に「世界一怖い物知らずの動物」としてギネスブック入りした。高濃度のテストステロンと濃縮ウランが詰まったようなこの動物は、ヒョウから獲物を奪うところや、猛毒のヘビと格闘しているところが目撃されている。ぼくの知人は、ミツアナグマがゾウの鼻にかみついているのを見たという。相手が五トンのゾウだろうが、ひるむことはないのだ。

ミツアナグマが用いる攻撃法については、次のように書かれている。「大型の動物を攻撃する際には陰嚢を狙うとされる。この行動を一九四七年に最初に報告したのはスティーヴンソン＝ハミルトンで、彼はミツアナグマがおとなのスイギュウの睾丸を食いちぎるのを目撃した」。雄のスイギュウを思い浮かべてみよう。九〇〇キロの筋肉質の荒々しい巨体と湾曲した大きな角。ミツアナグマはこのスイギュウを攻撃したのだ。文章はさらに次のように続く。「睾丸を食いちぎるというミツアナグマの所業(しょぎょう)は、ヌー、ウォーターバック、クーズー、シマウマ、人間でも記録されている」。ミツアナグマは睾丸を攻撃し、哀れな相手が失血死するのを待つ。攻撃として完璧だ。これほどの「ならず者」になれるのは次のような特徴があるからだ。①厚く柔らかい皮膚、②ヘビの毒に対する驚くべき耐性、③悪賢さ、④鳥との同盟関係、⑤突出可能な肛門腺、⑥並外れた攻撃性。

実際、ミツアナグマの皮膚は分厚く、首付近では五ミリ以上もある！　弓矢や槍(やり)が刺さっても平気だと言われている。相手がミツアナグマを動けなくしようと思っても、たるんだ皮膚のおか

11章　ミツアナグマ、世界一凶暴な生き物

ミツアナグマ。その凶暴さは筆舌に尽くし難い。

げで、容易に身を守り、しかも体の向きを変え、怒りはその軽率な攻撃者に向けられる。あなたがヒョウで、食べ物を横取りするミツアナグマの首根っこをその歯で捕まえたとする。ところがなんたること！　ミツアナグマは皮膚の下でくるりと向きを変え、あなたの顔面をずたずたにするのだ。

次に、毒に対する耐性。ミツアナグマは、コブラ、ブラックマンバやクサリヘビを食べているところが目撃されている。これらの毒ヘビはお世辞にも気持ちのいい連中ではない。実際、クサリヘビはアフリカではもっとも危険なヘビであり、毒ヘビのなかで最強の毒をもっている。しかし、テレビカメラに収められた映像によると、雄のミツアナグマがこのヘビと格闘し、噛まれた（すなわち猛毒を注入された）あと、ヘビを一噛みで殺した。しかしすぐに毒が回って動かなくなったが、数時間後にはむくりと起き上がって、なにごともなかったかのように、勝ちとったこの獲物をふたたび食べ出したのだ。いまのところ、毒に対するこの免疫メカニズムがどんなものかはわかっていない。

しかも賢い。インドのランタンボール国立公園で撮影された映像には、ミツアナグマが道具を使って獲物を捕まえるところが映っている。手の届かない高さにある罠（わな）にカワセミのヒナがかかっていたが、ミツアナグマは丸太をその下までもってゆき、それに登ってヒナをとった。状況に応じてまわりのものを道具にするというのは、知能が発達している証拠である。

一方、ミツアナグマと何種類かの鳥との間には、ギヴ・アンド・テイクの共生関係があるようだ。何度も報告されているのは、ミツアナグマがノドグロミツオシエのあとについてゆき、このミツオシエがミツアナグマに野生ミツバチの巣の場所（ミツバチの幼虫はミツアナグマの好物だ）を教えることである。しかし、恩恵は双方向なのかもしれない。ミツアナグマが食い散らかしたあとのおこぼれを待ち受けているようにも見えるからである。コシジロウタオオタカは、ミツアナグマの穴掘りによって引き起こされる地面の振動から逃げようとした小型の爬虫類を食べているのも目撃されている。

ミツアナグマは長い鉤爪（かぎづめ）、鋭い歯、正面からの攻撃を受けても大丈夫な戦車のような顔面に加え、突き出すことのできる肛門腺ももっている。いざという時には、そこから耐えられない臭いを放出する。ある研究者は、この臭腺（しゅうせん）（「最終兵器」と呼んだほうがいいかもしれない）からの臭いがミツバチの活動を麻痺（まひ）させ、巣に頭を突っ込んで幼虫を食べるのに役立っていると考えている。

最後に、ミツアナグマが後ろ向きに走ることのできる唯一の哺乳動物だということや、南アフリカ軍が自分たちの歩兵戦闘車輛をミツアナグマと呼んでいるということも付け加えておこう。インドでは、埋葬されたばかりの新しい遺体を食べるためにミツアナグマが墓を掘っているところが目撃されている。イラクでは、人食いミツアナグマがいたという噂もある。別の噂では、ミツアナグマが面白半分に六頭の雄ライオンの集団に向かって頭を下げて突進し、睾丸を狙っていたという。ミツアナグマの噂が国中をパニックに陥れるというのも納得がゆく。

12章 ライオン・キング、七つの誤り

『ライオン・キング』は一九九四年公開のディズニーのアニメ映画である。この映画は主人公のシンバの父親の死で子どもたちの涙を誘い、本来ならなんの関係もない動物どうし（ミーアキャットとイボイノシシ）を想像の世界のなかで結びつけた。さらにはハイエナたちが悪い連中だという印象も広めた。しかし科学的に考えてみると、この映画は真実を反映していない。……子どもの頃にこの映画に感動したことがあったら、覚悟して読まれたし。

その一　ラフィキははるか遠方からやってきた

『ライオン・キング』のなかで、ライオンの王家には、おどけた調子のラフィキというサルが仕えている。生まれたばかりのシンバを抱き上げてその誕生を祝福したのは、このラフィキである。映画の中ほどでは、シンバに、死んだ父親が彼の心のなかで永遠に生き続けるということを示す。ラフィキは大きなバオバブの木に住み、ヒヒとして描かれている。しかし、ラフィキの顔

の派手な模様を見ると彼は明らかにマンドリルであり、マンドリルの生息地は西アフリカの熱帯雨林である。『ライオン・キング』の舞台はケニアのサヴァンナなので、ラフィキははるか遠方からやってきたことになる。

その二　黒いライオンのほうが攻撃的である

スカーはムサファの「黒い」弟である。スカーはひ弱だが、狡猾（こうかつ）で、ムサファを王の座から引きずり降ろそうとハイエナたちと結託する。スカーは陰険な攻撃性をもっているのに対し、ムファサは思慮分別にあふれ、穏やかな勇気をもっている。最近の研究結果によると、個体の行動と毛の色との間には関係があり、特定の動物では濃い色の個体ほど攻撃性が高い。ライオンの場合もそうで、たてがみの色はテストステロンレベルと攻撃性のよい指標になる。とはいえ、黒いたてがみの雄がより悪者かどうかを知るには、さらなる研究が必要かもしれない。

その三　ハイエナは笑っているわけではない

『ライオン・キング』では、ハイエナたちは笑ってばかりいる。とくにスカーと組む三頭のうち一頭は四六時中笑っている！　一般にも、ハイエナはいつもばか笑いをしているように思われている。ハイエナが実際に特殊な笑いをすることはないのだろうか？　実はブチハイエナはきわめて社会的な種であり、何種類もの鳴き声からなる複雑な言語をもっている。攻撃の予告、ほかのハイエナとの再会、服従のサインなど、文脈によって異なる一二種類の鳴き声がある。笑いのように聞こえる鳴き声は、これらの発声のなかのひとつにすぎない。これはほかの個体の攻撃に対する反応であり、「私に構わないでくれ」といったことを伝えるために使われる。いずれにしても笑っているわけではない。

その四　ライオンは腐肉を漁り、ハイエナは狩りをする

『ライオン・キング』では、スカーはクーデターに成功し、恐怖政治を敷いて、働かないブチハイエナたちを養うために雌ライオンたちに狩りをさせる。スカーは、腹を空かせたハイエナたちに「狩りをするのは雌ライオンたちの仕事なんで」と言い訳をする。しかし、実際はこの逆である。ブチハイエナはすぐれたハンターであり、彼らが食べる肉の大部分は、自分たちで狩った獲物である。一方、ライオンは獲物をとった捕食者を追い払い、彼らに代わってそれを食べることが多い。皮肉なことに、現実にはライオンのほうがブチハイエナよりも頻繁に腐肉を漁るのだ。

その五　ゾウの墓地は存在しない

幼いシンバは、父の治める王国の境界を越え、朝の光の届かない不思議な「影の地帯」に探検に出かける。そこは火山地帯で、ラリった（そしてシンバを食ってやると脅かす）ハイエナたちしない。
が支配しているが、ゾウの墓場があることも明らかになる。もちろん、ゾウは墓地を作ったりは

　この神話は、おそらく二つの事実の産物である。まず第一に、ゾウは人間のように仲間の死体に強い関心を示し、死体から離れようとしないことがある。ゾウが数日間ほかの仲間の死体のそばで過ごしたとか、遺体を木の枝や葉や土でおおったとかいった逸話はたくさんある。しかも、彼らが死ぬ時にはみな同じ場所に行って死のうとしているかのように、同じ場所で何頭ものゾウの骨が見つかる。

　真実は結構単純である。年老いたゾウは水場付近で死ぬ傾向がある。彼らは、自分の体の苦しみを軽減するために水を利用しようとしたり、歯の抜けた口で柔らかな水草を食べようとするからである。そうするなかで、水場の泥にはまったり、動きがとれなくなったり、あるいはごく単純に衰弱して意識を失い、そこで息絶えるのである。このようにしてゾウの骨が水場近くで頻繁に見つかることになるが、それはゾウたちが仲間の遺体を墓地まで運んだからではない！

その六　旱魃は悪政のせいではない

　スカーの悪政のせいで、環境は悪化し、植物の豊かだったサヴァンナは砂漠に姿を変える。空は灰色になり、旱魃が続き、草食動物は飢えて死に、ハイエナは「食べるものがなにもない！」と叫ぶ。

このアニメに登場する動物たちは、記憶力がかなり悪いと見える。サヴァンナのドラスティックな乾燥状態、いわゆる乾季は毎年訪れる。アフリカ南部の国には、六カ月から八カ月以上もの間、一滴の雨も降らない地域もある。植物は乾燥し、地面がむき出しになり、次に自然発火も起こるようになって、煙が立ち上り、空は独特の紫がかった灰色になる。草食動物の多くも、旱魃がとりわけ厳しいものになると、死んでしまう。要するに、スカーの悪政のせいにされた現象は実際には定期的な気候のサイクルによるものであり、「悪者」がもたらしたものではない。

その七　王家の近親交配

シンバとナラは幼馴染(おさななじみ)である。父ムファサが亡くなったあと、シンバは国を追われ、よそで成長した。歳月が流れ、ある日シンバは荒れ果てた王国を逃げ出してきたナラと偶然再会する。子どもだった二頭はその後成長し、ホルモンによる奇跡が起こった。たてがみが生え、腺が匂いを発し、性的に成熟の時期を迎えた。ナラとシンバは力を合わせ、不実な黒い叔父の醜悪(しゅうあく)な権力を打倒することに成功して、自然の「良好な」サイクルを取り戻し、ブロンドの子たちを産んで、新たな王家を創始する。しかし、もしその子たちが近親婚でできたのなら？

ショッキングな事実——ナラとシンバは当然ながら血がつながっている。よくていとこどうし、最悪の場合は異母きょうだいどうしだ。

これは、ライオンの群れの構成を考えてみればすぐわかる。ライオンの群れでは、一頭か二頭の雄（二頭の場合は協力関係にある）が多数の雌との繁殖を独占する。ほかの雄たちは、生殖するには若過ぎるか、なわばりの外へと追い出されるかする。協力関係にある場合、二頭は兄弟であり、一緒になってほかの雄をなわばりの外に追い出し、繁殖の仕事を共有する。群れのなかのスカーの存在は、この点から説明できる。ムファサと彼は協力関係にあるからである。しかし、スカーはとりわけ性的に活動的なようには見えず、ムファサが雌たちを独占しているように見える（スカーに付き添う雌は登場しない）。したがって、ナラやシンバも含め、すべての子どもたちはみなムファサの子だと考えるのが自然である。すなわち、ナラとシンバは異母きょうだいである可能性が高く、彼らの子孫には近親交配の徴候が現れて、奇形のライオンが生まれてくるかもしれない。

近親交配の影響が顕著に現れている例は、タンザニアのンゴロンゴロ自然保護区にいるライオン集団である。ンゴロンゴロは世界最大の死火山の噴火口であり、ここには近親関係にある孤立したライオン集団が生息する。少数の個体から、いわゆる遺伝的隘路（ボトルネック）を経て、この集団が最近にできあがった。近親交配の結果は雄ではっきり観察されている。雄の半数では精子が奇形なのだ。シンバとナラの子孫を待ち受けているのがこんな未来だとしたら……

パートⅣ 知恵者たちとヒト

ヒトはつねに生物圏のなかのほかの生き物と関わりをもっている。ある時は破壊の元凶として、ある時は恩恵を授ける半ば神のような特別な存在として。パートⅣでは、この青二才の二足歩行の生き物とサヴァンナに生きるほかの生物種との関係をとりあげる。ここでは、両者の間の深い溝が一種の幻想だということも見てみよう。

13章 人間がもたらすライオンの子殺し

ヒトが生物圏に与える影響は大きい。これは事実だ。ヒトが生物学的・地質学的プロセスを支配するようになった時代を指して、地質時代のひとつとして人新世（じんしんせい）という名称も提案されている。この地上のあらゆるところにホモ・サピエンスが拡散（ディスペルシオン）したことは、各地域のたくさんの生物種の消滅（ディスパリシオン）を伴っていた。地球規模の生物種の絶滅は、その重大さの点で、ほかの大きな生物学的危機に負けず劣らない。こうした多少暗い状況以外にも、人間の活動は、生物多様性に多くの影響――すべてが悪影響というわけではない――をおよぼしている。この章では、人間が（時には不注意から）どのような影響を動物におよぼしているかを見てみよう。

サヴァンナでの簡単な例、季節的大移動から始めよう。サヴァンナの多くの地域では、季節は顕著に変化し、雨が降り続く湿度の高い季節と、極端に乾燥する季節とが交替する。乾季には数カ月一滴の雨も降らないことも多く、川床や水源地は完全に干上がってしまう。このため乾季には、動物たちは水をよそに求めて移動しなければならない。ぼくのいたワンゲ国立公園もその通

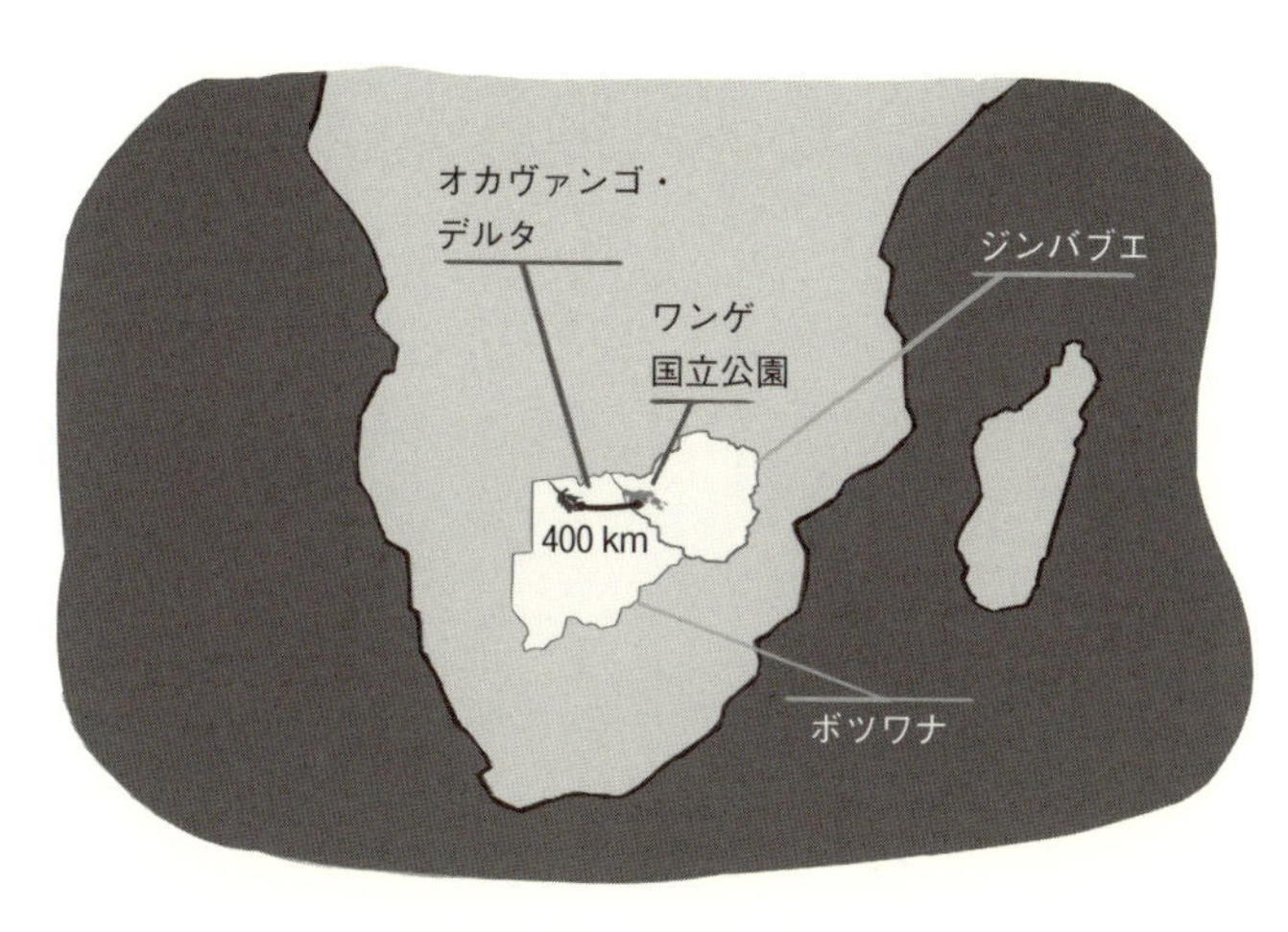

ジンバブエのワンゲ国立公園とボツワナのオカヴァンゴ・デルタは400 km 離れている。

りで、昔からゾウたちは水を求めてボツワナのオカヴァンゴ・デルタまで、あるいはザンビア国境のザンベジ川まで移動していた。どちらの場合も数百キロを移動しなければならなかった。

二〇世紀初め、アフリカには最初の国立公園がいくつか誕生した。公園の区域内では、動物たちは密猟から法的に守られ、その個体数の増加も可能になった。ワンゲではすぐに、もうひとつの方策がとられた。それは、水源地の水を確保するために乾季に地下水を汲み上げるという方法である。その結果、動物たちは水を求めて相当の距離を移動する必要がなくなった。ワンゲ国立公園では、この方策がとられたことで、ゾウの個体数は見てわかるほど増加した。現在、子ゾウはオカヴァンゴ・デルタまでの危険な旅の途中で渇きで死ぬということもなく、ゾウの個体数もおそらく四万頭を超えている。ディーゼルポンプは、定住化した動物に水を提供するために、乾季の間中うんうん唸り続けている。

動物の行動が人間の手によって故意に変えられることはそうないが、人間の活動の「意図しない」結果としてそれが生じることがある。北アメリカに生息する臨機応変な哺乳動物のアライグマ、クマ、キツネなどは、こうした驚くべき例である。彼らは人間の食べ残しを求めて、ごみ捨て場を漁りにくる。ワンゲ国立公園でも、チャクマヒヒの群れが廃棄物を選別し、それらを巧みに再利用しているのが目撃されている。

しかし、脊椎動物のなかで人間の技術文明に驚くほど適応している例は鳥類である。二〇世紀初め、イギリスの牛乳配達人はある問題に直面した。家のドアのまえに牛乳瓶を配達したあと、その家の人間が瓶をとるまでの間に、牛乳の上にたまる生クリームが消え去っていたのだ！　脂肪質のこのムースを盗んでいた犯人はアオガラだった。その時代、牛乳瓶は蓋でふさがれていなかった。数年して、牛乳の鮮度を保つためにアルミ箔の蓋が導入された。しかし、それはアオガラの賢さを考慮に入れていなかった。アオガラの一部の個体が、クリームにありつくためにどうすればアルミ箔の蓋に穴を開けられるかを発見し、その方法は次々とほかの個体へと伝わり、またたく間に集団内に広まってしまった。一九五〇年代初頭、イギリスのアオガラの集団全体（一〇〇万羽ほど）がこの生クリームを手に入れる術（すべ）を知っていた。やがて、脂肪分が少ないホモジナイズドの牛乳へとイギリス人の嗜好が変わり、この行動は見られなくなった。

巣の材料に色のついたプラスチックごみを用いる鳥も多い（カラー写真19）。鮮やかな巣の色は、近隣の鳥に向けた信号として、あるいは雌を引きつける信号として機能する。トビのようになわばりをもつ鳥では、良好ななわばりをもつ大きな個体ほど、巣には多くのプラスチックを用いる。これは争いを減らすように作用する。というのも、一見するだけで相手の鳥の力量がわかるからだ（諺（ことわざ）にもあるように「体をへし折られるために邪魔しに行く馬鹿はいない」）。こうしたプラスチックの切れ端はその鳥の地位を示す表示になり、なわばりをめぐる対立を減らすように作用する。このように、人間の出すごみが重要な社会的機能をはたすものとして使われている。

もっと驚くような例は、巣の材料にタバコの吸殻を用いるイエスズメだ。残っているニコチンが、ヒナ鳥を寄生虫から守る殺虫剤になるのだ！　イエスズメは自然環境においてはタイムのような香草を用いて巣を殺菌するが、街中に落ちているタバコの吸殻はその代用物になる。タバコの葉がニコチンを含んでいるのは、葉を食べにくる寄生虫から身を守るためである。つまり、イエスズメは巣の材料に吸殻を使って、ニコチンに本来の役割をはたさせている。

もうひとつは日本のカラスの例である。ＢＢＣの撮影班は、カラスが走る車にクルミの殻を割らせて、なかの実を食べる映像を撮影した。カラスは信号が赤になると路上にクルミをおき、信号が青になって車が走り出してクルミを割るのを待つ。信号が赤になったら、割れたクルミの実を食べに戻った。

さらにもうひとつ。最近の研究によると、路上でえさをついばむ鳥はその道路の制限速度を知っている。カナダのケベックの研究者がフランス西部のさまざまな道路をさまざまな速度で車を走らせ、鳥が飛び立つ時の車と鳥の間の距離を測定した。結果は驚くべきものだった。その距離は車の速度によってはおらず、道路の制限速度によっていた。たとえば時速九〇キロ制限の道であれば、鳥たちは、自分たちに向かってくる車が時速五〇キロでも（トラクターの場合）、一八〇キロでも（一刻を争って病院へと走る車の場合）、車から七五メートルの距離で飛び立った。つまり前者の場合は、飛び立ってから車が来るまではかなりの時間的余裕があったが、後者の場合には、かろうじて車にぶつからずに済む程度の余裕（一秒半）しかなかった。では、鳥は標識が読めるのだろうか？　ありうる説明は、個々の鳥が経験を通して車の速度を平均しているというものだ。実際には、制限速度よりも速く走る車もあれば、逆にゆっくり走る車もあるが、それらを平均すると制限速度に近いものになる。路上でえさをついばんでいる時に、経験を積んだ鳥の頭のなかにあるのは、この平均である。

二〇一四年、国立台湾大学の研究者たちは、野生動物が人間の造った建造物を利用しているもうひとつの例を発見した。アイフィンガーガエル属の小さなカエルは、繁殖の時期には遠くまで聞こえるように大きな声で鳴くが、このカエルは道端の排水溝のなかでよく見かけるようになった。排水溝は彼らにとってコンクリート製の都会の峡谷であり、鳴き声をきわめて効果的に反響させ、その愛の歌を遠くまで届けるのだ。

人間の活動が動物の行動に与える影響は多くの場合予期せざるもので、なかにはまったく悪影響のものもある。サヴァンナでのそうした例は、スポーツハンティングとライオンの子殺しの関係である。12章で触れたように、ライオンの群れでは、一頭の雄が五頭から六頭の雌の繁殖を独占する。この独占雄は入れ替わるが、それは雌との繁殖をめぐって若い雄が高齢の独占雄に挑むからである。一頭の雄が繁殖できる期間——ほかの雄を追い出すほど強い存在になってから、今度は自分が追い出される側に回るまでの期間——は、平均すると二年になる。しかし母親ライオンは、子どもの世話をしている間は性的に受け入れ不能な状態にあるため、雄を追い出して群れの乗っ取りに成功した若い雄は、その後その群れの子どもをみな殺すのである。母親ライオンは自分の子を失うと、性的に受け入れ可能になり、雄と交尾できる状態になる。母親ライオンはわが子を必死で守るけれども、生後一年のうちに死んでしまう子どもの四分の一は、群れを乗っ取った雄によって殺されていると推定されている。

スポーツハンティングは、スポーツとして猛獣である雄ライオンを競って狩ることを指していた。しかし、ライオン狩りがスポーツであることはまれであり、ヘリコプターや4WDで追いかけるようになってからは、とりわけそうである。しとめたライオンが大きければ大きいほど、ハンターの満足も大きいため、そのライオンはいまが盛りの体格のよいおとなでなければならない。つまり、狙われるライオンのほとんどは、雌と子どもたちを率いる雄なのだ。ハンターは引き金を引くことで、悲劇的な出来事の連鎖を始動させている。その雄がいなくなると、別の雄が

スポーツハンティングで群れの雄ライオンが殺されてしまうと、別の雄が群れを乗っ取り、子殺しが起きる。

その群れに入り込み、まえの雄の子どもを殺すからである。

人間が引き起こしたり変えたりした動物の行動は山ほどあり、日々増え続けている。中立的かつ合理的な視点は、きわめて重要な影響力をもつ生き物としてヒトを考えることである。すなわち、ヒトは資源を消費するが、新たな資源を使えるようにもする。心に留めておくべきなのは、これがいまに始まったものではないということである。たとえば少なくとも六万年前以降、ヒトは焼畑耕作のために低木叢林や森林を焼くようになり、三万年前以降、最初に家畜化された動物種であるイヌを遺伝的に選択するようになった。この見方のなかにこれらの問題をおくと、ヒトの影響を「自然でないもの」——手つかずの汚れなき自然という「処女」状態とは逆の状態——とはみなせなくなる。私たちヒトという種は、その歴史の始まり以来、自分たちの環境を作ってきたが、その環境によって作られてもきた。私たちは、よく出会う動物種の行動を変えてきたが、彼らの行動によって変えられてもきた。現在との違いは、本質的な違いではなく、そのスケールの違いである。

14章　サヴァンナの砂嵐

ダストボウルは、一九三〇年代の一〇年間にわたってアメリカとカナダのグレート・プレーンズに起きた砂嵐のことである。この地域は何年もの間、集約農業を続けてきていたが、厳しい乾燥状態になったあとで、この砂嵐が突然出現した。乾いた砂地の平原の土壌はそれまで草の根によって保たれていたが、トラクターと深耕の普及が（それに加えて生態系を正しく理解していないことが）これらの根の大規模な破壊を招いた。水分を保ち土壌を「支えて」いた植物がなくなったため、数十億トンの土や砂が夏の風に乗って舞い上がった。一九三四年末から三五年にかけての冬、ニューヨークには赤い雪が降りさえした！　一九三五年四月一四日、ブラックサンデーと呼ばれたダストボウルは、三億トンの砂と埃（ほこり）をオクラホマ州からテキサス州へ運び、アメリカで史上初めての「環境」難民を生み出した。家や畑や職を失った二五〇万人の人々がグレート・プレーンズを離れて海岸部――とくにカリフォルニア州――に移住し、そこで職を探した。スタインベックの小説『怒りの葡萄』は、この時のことが舞台になっている。この急速な砂漠化の出来事が示すように、環境の激変はほんの数年で起こりうるのだ！
どうすれば、このような規模のカタストロフィックな出来事を予測し、防ぐことができるだろうか？　砂漠化がかつてないほどに現実味を帯びているいま、この問題は喫緊の課題だ。三六億ヘクタールの面積の土地が砂漠化しつつあり、これは陸地の四分の一に相当する。解決策にたどり着くには、まずは生態系に生じるなだれ現象をよく知っておく必要がある。

なだれとは、ある安定状態から別の安定状態へと（いわば「山から谷へと」）、ほんのわずかな刺激（たとえば、雪のほんのひとひら）によって一気に移行することを言う。三時間雪が降り続き、落ちてきた雪のひとひらが突如としてカタストロフィーの引き金になる。重要なのは、引き金となる刺激がごく少量でよいということである。その量は、滑り落ちる雪の量からすればほんとうに微々たる量なのだが、「許容される」雪の重さの限界（閾）を超えてしまったのである。滑り落ちた雪をもとの場所に戻すのは至難の業なので、その移行は不可逆的と言える。こうした現象の特徴を言うために、レジリエンスという用語が使われることがある。レジリエンスとは、システムが安定性を失うことなく、大きな変化に持ちこたえることができることを言う。雪がレジリエントなほど、雪が滑り出してなだれを起こすには重さが必要になる。そしてカタストロフィックな移行は、暴走する正のフィードバック・ループによって加速する。すなわち、なだれが大きくなるほど集められる雪も大量になり、それによってなだれはさらに大きくなり、大きくなった分、雪はさらに大量になる。要するに、典型的な「なだれ」現象を生み出そうとするなら、二種類の安定状態、外的条件の閾値、状態の移行を増幅する雪だるま効果の三つが必要である。

砂漠化は、サヴァンナなど乾燥した環境で起こる特別なタイプのなだれ現象である。「サヴァンナ」という名称は、いろんなものを含んだ生態学的な分類名だ。半乾燥から乾燥した環境までを含み、樹木の多いものから少ないもの、さらにはまったくないものまでとさまざまである。それは連続体をなしており、多くの場合、同じサヴァンナが――地球温暖化、降水量の減少、草食動物の圧力（あるいは森が火事になる、増殖したウサギが草を食べ尽くす）などの影響のもと――ある状態から別の状態へとしだいに移行してゆく。

たとえば、樹木の多いサヴァンナへの降雨が少なくなる場合を考えてみよう。それまでは木々が作る陰が一面に広がっていたのに、そこに隙間が何箇所かでき始める。降雨がさらに少なくなると、隙間と隙間がつながって線状になり、やがては迷路の様相を呈するようになる。それからたちまちに、木々が点在する状態になる。この漸進（ざんしん）的移行それ自体はカタストロフィックなものではなく、水が十分にあれば、木々はもとの状態を取り戻せる。

このシステムをもう少し詳しく見てみよう。樹木は、陰を作り根を張ることによって――水分の蒸散を減らし湿気を多くすることによって――そのまわりの土地に水分を確保する。別の言い方をすると、十分な水がない時に樹木が成長できるのは、そばにほかの樹木がある場所だけになる。水が少なくなってしまうと、緑の小さなかたまりが点在する景観ができるのは、これによっ

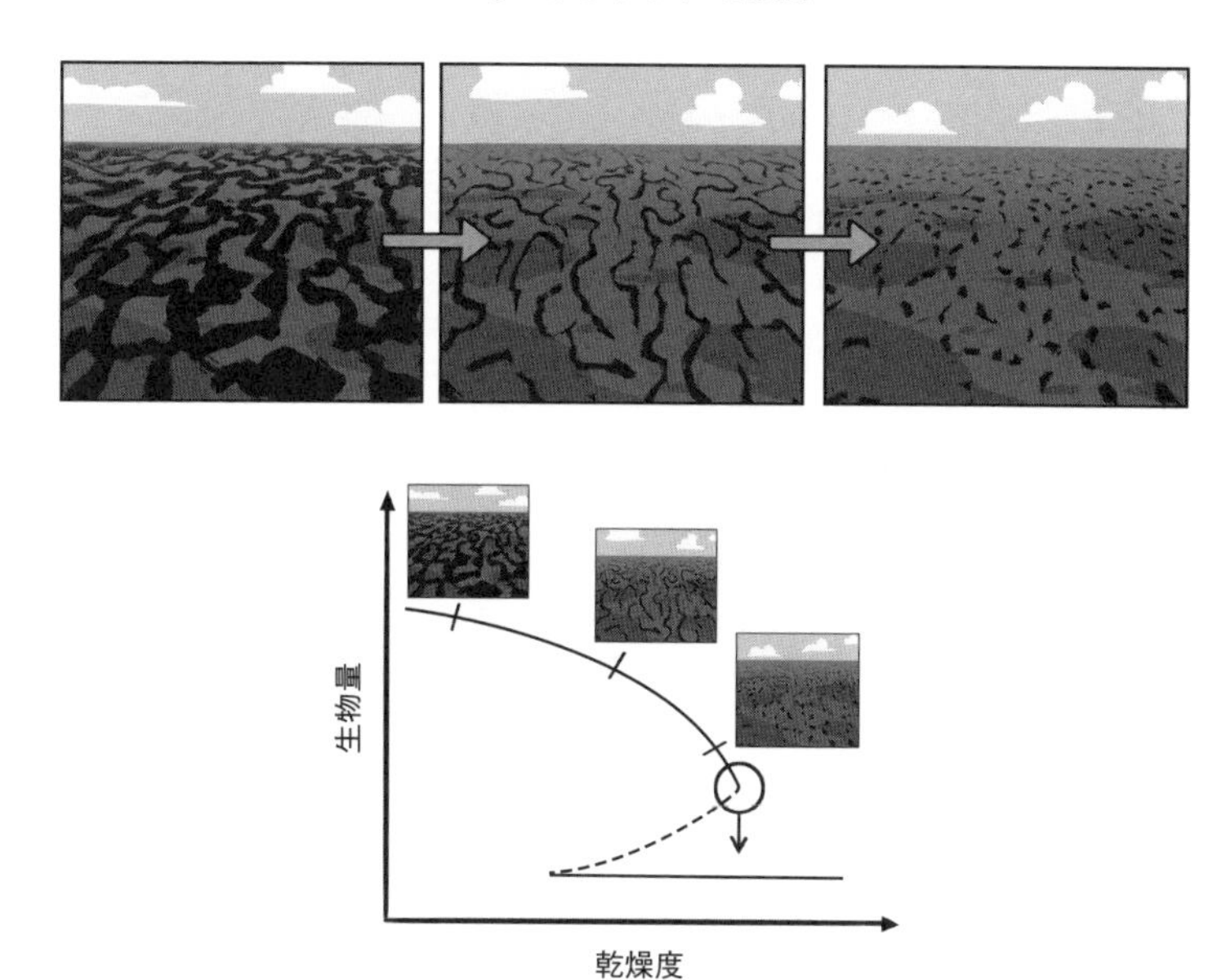

乾燥化が進むにつれて、植物がつながって生み出される模様は少なくなってゆく。乾燥した生態系には転換点が存在し、それを超えると、生物量は一気に減ってしまう。

て説明できる。樹木が生き延びるには、ほかの樹木と一緒に生きる必要があるのだ。つまり木が増えるのは、すでに木がある場所である。

逆に、植物におおわれていない場所は乾燥し、風によって侵食される。新しい植物の定着に必要な最後まで残っていた栄養素も、土壌を維持する根がなくなると急速に失われ、植物の成長はきわめて困難になる。こうして木が少ないところには、ますます木がなくなる。

重要なのは、木々におおわれている地面が閾値を下回ってしまった時には、生態系が一気に崩壊し、木々が消滅して、砂漠化が起こるということである。前述のカタストロフィックな移行と同様、これも急速に起こる。「数本の木」から「砂漠」への移行はあっという間である。もとに戻すためには、そうなるのにかかった道のり（図には矢印で示した）に比べ、はるかに長い道のり（点線）を通らなければならない。すなわち、移行が起きた時よりもはるかに低いレベルまで乾燥を減らさなければならない。つまり、二つのフィードバック・ループ――植物の成長を促進するループとそれを減少させるループ――がある。植生のレベルが閾値を下回ってしまうと、サヴァンナだったものが一気に砂漠へと姿を変える。

この砂漠化の場合も、二つの安定状態（植物のある状態とない乾燥状態）があって、乾燥状態が一定の閾値を超えてしまうと、ドミノ式に乾燥化が加速される。

まとめてみよう。漸進的な変化は、それが一定の強度の閾値を超えてしまうと、急激で基本的で不測の反応へと移行する。閾の正確な値――その値を超えると驚くような作用が生じる――はわかっていない。これらの変化はほぼ不可逆的であり、移行してしまった後に生態系をもとの状態に復元しようとすると、移行前の修復に比べ、はるかに大量のエネルギーが必要になる。

ダストボウルは安定した状態の砂漠を作り出した。グレート・プレーンズを再び農業に使えるようにするには、二億本以上もの樹木を植えなければならなかった。これらの樹木は局所的な肥沃さと湿気の維持を再開させる効果をもち、土壌を維持した。すなわち、いま述べてきたすべての「よい方向の」効果である。これ以上に顕著な移行の例はサハラ砂漠である。五〇〇〇年前以前は、サハラ砂漠は森や湖のある大平原だった。数千年前から始まった漸進的乾燥化が閾値を超え、「雪だるま式」に砂漠化が引き起こされ、地球上でもっとも大きな熱い砂漠（アメリカ合衆国やヨーロッパよりも大きい）ができあがってしまった！

15章 アフリカでのヒトの進化

私たちヒトの進化の歴史のなかで、もっとも重要な出来事の多くは、アフリカのサヴァンナの生態系のなかで起こった。なかでも特筆すべきは、およそ四〇〇万年前に東アフリカで起きた四足歩行から二足歩行への移行である。二本の脚で立てば遠くまで見渡せたし、長時間歩くこともできた。しかも両手が自由になった。

このアウストラロピテクスの化石は、サハラから南アフリカにわたる地域で見つかっている。古生物学者は、これらの化石人骨の多くにそれぞれ愛称をつけて呼んでいる。もっとも有名なのは一九七四年にエチオピアで発見されたルーシー（アウストラロピテクス・アファレンシス）。はかに一九九五年にチャドで発見されたアベル（アウストラロピテクス・バーレルガザリ）や、一九四七年に南アフリカで発見されたミセス・プレス（アウストラロピテクス・アフリカヌス）などがいる。

次に来るのは、二五〇万年前の最初の石器の製作である。この石の道具は、最初の人類であるホモ・ハビリスの出現の時期と重なっている。ホモ・ハビリスは、私たちホモ・サピエンスが属すホモ属の最初のメンバーだった。ホモ・ハビリスが作った石器は、素朴だが鋭利なエッジを備えていて、食料となるサヴァンナの動物の肉や内臓を切り分けるのを可能にした。

次に、火が発見され、利用されるようになる。その始まりはおよそ一五〇万年前。この年代は、私たちと同じホモ属のいとこ、ホモ・エレクトスが出現した時期でもある。頻発する叢林の火事におそらく触発されて、ホモ・エレクトスはその熱や明かりを利用するようになり、火を恐れる動物たちから身を守ることもできるようになった。とりわけ重要なのは、食物を加工して食べる新たな方法として火を用いるようになった点だ。食物に火を通すことを最初に始めたのはホモ・エレクトスだと考えられているが、その主張はホモ・エレクトスに関係した遺跡で発見される粘土の小片を根拠にしている。これらは、火床のような限られた場所で強力な火の作用のもとでないとできないものだからである。しかし、ホモ・エレクトスが火を用いることができるようになったのがいつ頃かをめぐっては、さまざまな議論がある。

加熱調理の出現がいつにしても、それはその実践者に数多くの影響をもたらした。実際、加熱調理は食物を柔らかくし、栄養素を利用可能なものにし、咀嚼（そしゃく）や消化の時間を短縮した。これによる形態学的影響は、ホモ・エレクトスの歯が小さくなったことであり、食物の咀嚼にかかる時間の短縮を伴っていた。これは、食事以外のことをするための多くの時間とエネルギーをもたらした。ホモ・エレクトスの脳の大きさ（九八〇cc）も、その祖先のホモ・ハビリスの脳の大きさ（約六〇〇cc）に比べてはるかに大きくなった。化石のなかには現代人に近い大きさ（一一〇〇cc）のものもあるほどだ。脳の増大には、火による食物の調理が大きな役割をはたしたのかもしれない。脳は大量のエネルギーを消費する器官であり、体全体のエネルギーのおよそ五分の一が脳活動で消費される。この大きな脳のエネルギーコストを払えるのは、加熱調理した食物を食べることができるからだ。

ホモ・エレクトスは、その大きな脳でなにをすべきかを知っていた。彼らはアフリカとサヴァンナを離れ、地中海の周囲を通り、アジアまで足を延ばした。筏（いかだ）を組み、地中海のクレタ島やインドネシアのフローレス島といった、それまでは到達できなかった島に着き、そこを開拓した。ホモ・エレクトスは、アフリカの揺りかごにとどまった集団も、アジアに移住した集団も、サヴァンナに関係づけられることの多い動物種、ゾウに依存していた。アフリカ南端からスペインにかけて、ホモ・ハビリスに関係づけられる多くの考古学的遺跡からは、ゾウの遺骸が発見されており、その時代のヒトはゾウを食べ、ゾウの骨で道具を作っていた。

ほかの大陸には行かずにアフリカにとどまっていたホモ・エレクトスのなかから、新たな種、私たちの祖先のホモ・サピエンスが出現した。その最古の化石はエチオピアのオモ渓谷で発見されたが、それは一九万五〇〇〇年前のものだった。しかし、最近の科学的発見は私たちホモ・サピエンスの起源の時期をもっとさかのぼらせ、三四万年前（以前の推定年代の二倍近く）だとしている。二〇一三年に発表されたこの発見は、一風変わった経緯で行われた。サウスカロライナ州に住むアフリカ系アメリカ人のアルバート・ペリーは、自分のルーツを調べてもらおうと、遺伝子データベースをもとに系統を割り出してくれる会社に自分のＤＮＡのサンプルを送った。このサンプルを調べたアリゾナ大学のマイケル・ハマーは仰天した。Ｙ染色体——男性だけがもつ性染色体——が見慣れているものとはまったく違っていたのだ。ハマーは、私たちの染色体とこの特定の染色体の間に見られる差異を生み出すのに必要な進化の時間を計算してみた結果、ペリーが三四万年前に別の人類から分かれた祖先の系統の子孫であることが判明した。言い換えると、人類は化石記録がこれまで示してきたよりも古いのだ。彼の起源についてのより徹底的な研究は、彼の近い祖先がおそらくカメルーン（さらに言えばカメルーン西部）で暮らしていたことを示している。遺伝学的研究では、私たちの生物学的過去についての別の興味深い事実が明らかになっているが、その地域もカメルーン西部あたりだ。

アカ・ピグミー族は、人類のもっとも古い枝のうちのひとつであり、アフリカ中部（現在のカメルーン）において、七万年ほどまえにほかの人間集団から分かれた。同じ頃、アフリカ大陸の先端部では、アフリカ系でない人々をもたらすことになる人間集団が、アフリカ大陸を出てそのグレイトジャーニーを開始し、アラビア半島に足を踏み入れた。ピグミー族は赤道アフリカの（湿気の多い）熱帯雨林に適応しており、それゆえほかの人間集団からは遺伝的に隔離されたままだったと長い間考えられてきた。しかし最近の研究は、これらのピグミー族が、ひじょうに古くまだ知られていないほかの人間集団に由来するゲノムの一部をもっていることを示している。こ

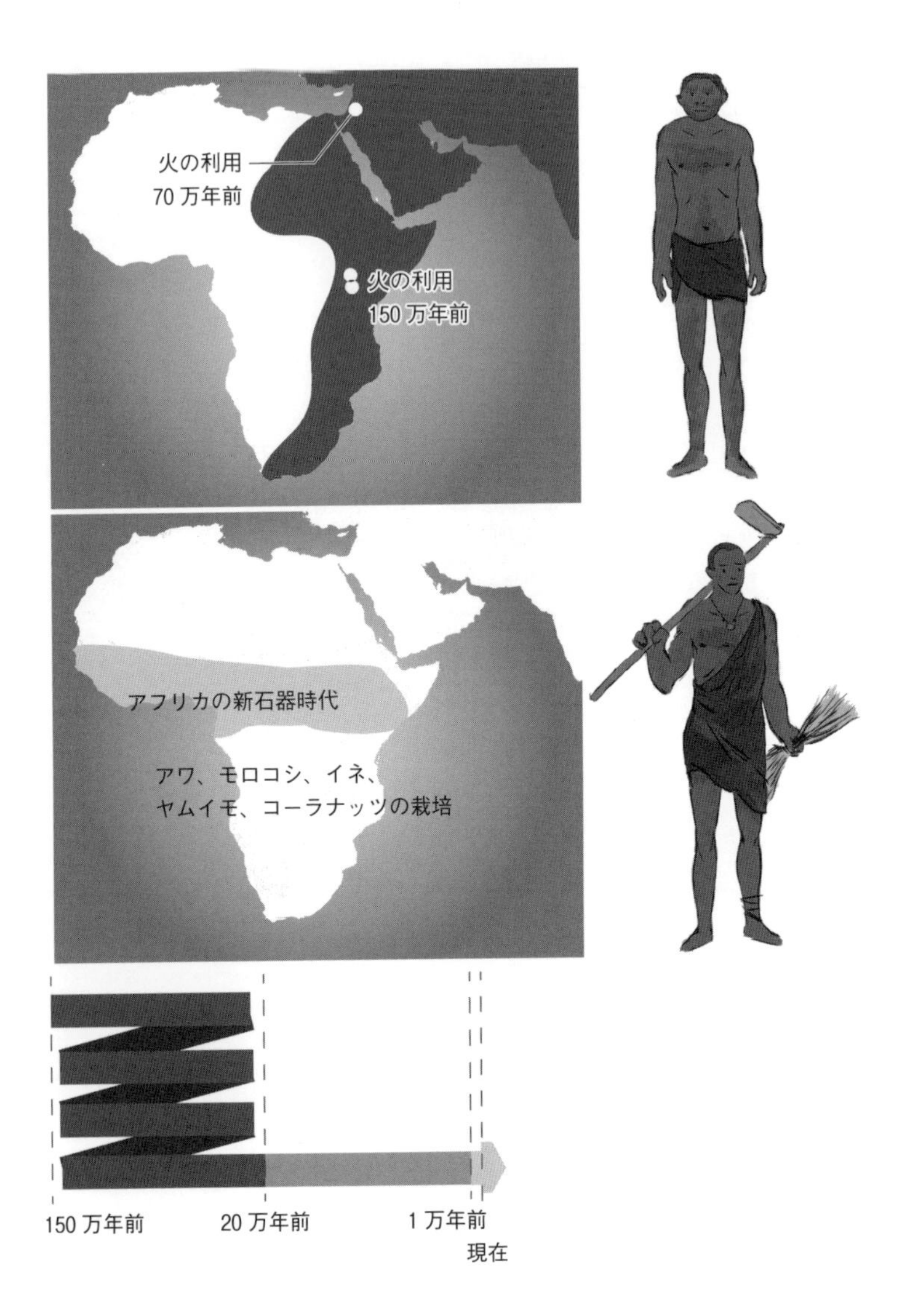
火の利用
70 万年前
火の利用
150 万年前
アフリカの新石器時代
アワ、モロコシ、イネ、
ヤムイモ、コーラナッツの栽培
150 万年前
20 万年前
1 万年前
現在

15章　アフリカでのヒトの進化

350万年前以降、ヒトの歴史はサヴァンナと分かちがたいほどに結びついている。図にはいくつかの重要な段階を示してある。

の交雑が起こった時、これらの謎の集団はピグミー族とは遺伝的にかなり異なっていたので、ホモ属の別の種を構成していたのかもしれない。ピグミー族は、化石人骨として残っていないこれらの人々と四万年前頃に交雑したのだろう。この集団は土のなかにではなく、ゲノムのなかにその痕跡を残した。ピグミー族が特殊なケースだというわけではない。各自のDNAを提供してもらう参加型の大規模な遺伝学的研究と化石人類のDNA研究から明らかになってきたのは、それ以外にも、ホモ・サピエンスの集団とほかのホモ属との間に少なくとも二回の交雑の出来事があったということである。最近とくに話題になっているのは、ホモ・サピエンスとネアンデルタール人の間の交雑である。わかっているのは、アフリカ系でないすべての人間（その祖先は七万年ほどまえにアフリカを出た）の遺伝子のうち平均すると三％がネアンデルタール人由来だということである。この交雑の効果は重要だ。というのは、この消え去ったいとこから与えられた多数の遺伝子は、現在強力な淘汰圧のもとにあるからである。すなわち、生き残るうえで私たちが依存している有用な遺伝子である。それらは免疫の遺伝子だったり、紫外線への耐性やケラチン（毛髪と皮膚を構成するタンパク質）に関係していたりする。さらに、東南アジアとオセアニアの多数の人間集団は、そのゲノムのなかにヒト属の別のメンバーであるデニソワ人に由来する遺伝子を、多い場合には六％ほど保有している。消えたこれらのいとこについては、まだほんの少しのことしかわかっていないが、ひとつだけはっきり言えることがある。それは、私たちが交雑の過去をもっているということだ。

サヴァンナに戻ろう。そこには、人間が最初にアフリカを出るよりはるか以前から、いくつかの人間集団が暮らしていた。サン族は少なくとも一五万年前以降にほかの人間集団から分かれたが、彼らは、アルバート・ペリーのY染色体の発見以前は、地球上のもっとも古い人間集団のひとつと考えられていた。このサン族は狩猟採集民であり、現在はアフリカ南部（おもにボツワナ）の乾燥地帯で暮らしている。彼らは一九八〇年制作の映画『神が頭に落ちてきた（邦題はコイサンマン）』に登場した。これは、パイロットが飛行機から投げ落としたコカコーラの瓶を最初にサン族のひとりが発見したのはよいが、その瓶のせいで諍（いさか）いが起こり、最後はその瓶をだれも手の届かない遠方まで捨てに出かけるというストーリーだった。サン族は、乾燥した生態系についての詳細な知識と豊かな博物学的知恵をもっている。たとえば、狩猟の長旅に出ている間は、ホーディア・ゴルドニー（飢えを抑える自然の生薬）と呼ばれる植物を口にする。また、矢にはコガネムシの幼虫から採取した毒を塗る。この毒は、彼らの狩る動物——おもな動物はアンテロープやエランド——の筋肉を徐々に麻痺させる。サン族と動物たちの間の緊密な関係を示す光景は、二万年前から南アフリカ中の岩の上に描かれてきた。絵のなかには、おそらくシャーマニズムの儀式を描いたものと思われる半人半獣の絵もある。このような光景は、アフリカ大陸の北の側、当時はたくさんの草食動物が暮らしていたサハラの真ん中でも描かれた。スイギュウ、アンテロープとキリンは旧石器時代のサハラで繁栄しており、その姿はオーカーで描かれたり、岩に彫られたりした。

南アフリカ（ドラケンズバーグ）の狩猟採集民、サン族の人々が描いたこれらの岩絵が示しているように、ヒトはつねに動物たちを狩ってきた。

サヴァンナとヒトのこの緊密な関係は、有史時代――ヒトがこれらの生態系を劇的なまでに変えた時代――まで続いた。たとえば、西アフリカのサヴァンナの景観は自然なもののように見えるが、実は人間によって劇的に変えられている。しかも、西アフリカから東アフリカにかけての初期形態の農業が始まった地域はとくにそうで、モロコシやイネ科の雑穀類が栽培されていた。たとえばエチオピアでは、テフ、オヒシバ、コロリマといった現在一般には知られていない植物が栽培されており、人々はそれらを常食にしていた。西アフリカやサハラ地域では、四〇〇〇年前にすでに景観は変えられつつあった。これらの地域の人々は、好ましくない生物種を排除し、耕作地を広げるために森林伐採と焼畑を行い、特定の樹木（シアーバターノキ、ヒロハフサマメノキ）を好み、これらの地域に生息する草食獣（アンテロープ、キリン）や肉食獣（ライオン、ハイエナ）を狩った。

サヴァンナと私たちの関係は、過去だけのものではない。世界の大陸の少なくとも三分の一は、砂漠化のおそれのあるサヴァンナや乾燥した草原であり（14章参照）、一〇億から二〇億の人々がそれらの地域に直接依存している。人間は自然の生態系にとって問題の原因のひとつとみなされることが多い。確かにこうした砂漠化の原因は人間の活動にある。その被告人席に座っているのは地球温暖化であり、その原因は、大気中の二酸化炭素の濃度の上昇と（一九三〇年代のアメリカのダストボウルに象徴されるような）農地の乱開発にある。また、五万五〇〇〇年前に人間はオーストラリアの低木叢林地帯に到達したが、この時期は、五〇〇〇万年もの間ほかから隔絶されて生きてきた数多くの有袋類（ゆうたい）──たとえば巨大な有袋類、ディプロトドン──の絶滅時期と重なっている。

一九世紀と二〇世紀、生態学者は、その地域から人間とその活動を締め出して自然な地域の保護を提案することで、この状況に対処した。政府や自然保護団体は国立公園と組織（軍隊的な組織のことが多い）を作って、それまでそこに住んでいた人々を強制的に移住させることによって、彼らが問題と考えていたもの――人間――を排除した。ジンバブエでは、一九二〇年代のワンゲ国立公園の設置は、そこで暮らしていた人々の移動を余儀なくさせ、彼らをあまり肥沃でない周辺の土地へと追いやった。ある研究の見積もりでは、国立公園を作るために移動を余儀なくされた人間は、アフリカだけで一四〇〇万人にのぼる。

一般に受け入れられてきたのは、「自然」と人間の間には埋めることのできない深い溝があり、人間は自然の存続とは相容れないという考え方である。この考え方は二〇世紀の間中、自然保護の政策を動かしてきたが、まったく別の考え方がそれにとって代わりつつある。すなわち、ヒトは生物多様性の豊かな環境のなかで、それを破壊することなく暮らすことができる。出発点は、人間の文化の多くには「生態系についての伝統的知恵」――豊かな生物多様性をもった環境のなかで暮らす人々がもつ精緻な生態学的知識――があるという認識だった。しかも、歴史的・考古学的な研究の多くが示してきたように、基本的に自然であると思われている多くの生態系は、実際にはヒトとの昔からの相互作用の結果であった。これらの例には西アフリカのサヴァンナも含まれるし、さらにそれまでは処女森だとされてきたアマゾンの森林やアフリカの熱帯雨林も含まれる。これまで、人間のすべての活動を悪影響をもつものとして排除する自然公園造りがさかんに行われてきたが、いまは力を失いつつある。今日強調されているのは、絶滅危惧種の保護のなかに地域住民を含めることである。住民にとってそれが公正だというだけでなく、保護にはそのほうがより効果的なことも多い。

人間のための食料生産と豊かな多様性をもった生態系とを調和させるための試みが、しだいになされるようになった。そうした例には、樹木を植栽して樹間で作物を栽培することを提案するアグロフォレストリーや、ジンバブエ出身の農学者、アラン・セイヴォリーが発展させた「全体的管理」と呼ばれる革新的な一連の技術がある。これらの方法は、砂漠化した土地を家畜の助けを借りてふたたび緑地化することを可能にし、砂漠の拡大を食い止めるというだけでなく、その地域の人々に食料源を提供できるという利点ももつ。自然vs文化という対立を超えて、多くのプロジェクトが、多様な生物種がいる環境のなかに人間集団を再導入しようとしている。

サヴァンナは、ヒトとほかの生物種の多重な相互作用を考えるうえで最適の生態系だ。私たちヒトが長い間サヴァンナで生き続けてきたというだけでなく、現在起こりつつあるその砂漠化は私たちに大きな生態学的試練も課している。この状況に対してのもっとも適切な反応は、私たちの責任を受け入れ、我が家を守るようにこれらのサヴァンナを守ることかもしれない。なんといっても、ヒトにとって、そこは長い間住んでいた故郷なのだから。

謝辞

これが本になる以前、それぞれの章はぼくのブログに掲載されていた。ブログの文章になる以前は、フィールドでさまざまな体験をするなかで、頭のなかで考えたことだった。こうした貴重な体験ができたのは、ぼくをワンゲに派遣してくださったシモン・シャメイエ＝ジャム先生、そしてぼくを指導・支援してくださったドニ・レアル先生とエルヴェ・フリッツ先生のおかげである。

この小さな本は、次に挙げる方々の支援がなければ形をなさなかった。カロリーヌ・グルー、カネ・ド・ケルドゥール、ジャン＝イーヴ・ドラヴー、オフェリア・クルーセとグルミオンの諸氏、ぼくの友人アリス・バニエル、ティモテ・ボネ、ポール・サンダースとパスカル・ミルジ、そしてぼくの家族、エリック・ヴィタル、ジャン＝マリー・ダドル、ジュリーと両親に感謝する。

執筆にあたってぼくが刺激を受けたものは数多くあるが、なかでも次の三つのブログの影響は大きい。ピエール・ケルナーの「Strange Stuff and Funky Thing」、トム・ルーの「Matières vivantes」、ソチピリの「Le Webinet des curiosités」である。彼らそれぞれの影響の痕跡が2、3、6章に見出せるはずである。彼らのブログは情報の宝庫で、一般の読者向けのものを書くようにぼくを勇気づけてくれた。フランス語圏の読者向けに科学全般をあつかっているサイト「C@fé des sciences」は必見だが、本書が好みの方は、このサイトにも興味深い記事が見つかるはずだ。

イラストを描いてくれたコラ、そのほかのすべてを手伝ってくれたグウェンに感謝する。

訳者あとがき

科学のさまざまなトピックスをポップな切り口で専門外の人たちに紹介しよう。サイエンスを一部の人々の閉じられたものにするのではなく、みなで面白がろう。最近フランス語圏では、若い世代のサイエンティストの間でそのような動きが見られる。なかでもレオ・グラッセは、その筆頭。YouTube の科学番組「ダーティーバイオロジー」を制作している。二〇一四年に始まったこの番組は、そのユーモアあふれる話の展開と、案内役レオのテンポよい語り口が視聴者の心をとらえた。現在のチャンネル登録者数は六〇万人。科学番組としては驚異的な数だ。

本書、*Le Coup de la Girafe: Des Savants dans la Savane*（Paris: Éditions du Seuil, 2015）は、そのレオがアフリカのジンバブエにいた時に書いたブログがもとになっている。サヴァンナに生息するハイエナ、キリン、ガゼル、シマウマ、アンテロープ、ゾウ、スイギュウ、シロアリ、フンコロガシ、ミツアナグマ、ライオン、そしてサヴァンナで誕生した私たちの祖先のことが軽妙なタッチで描かれている。添えられているカラー写真も彼が撮っている。素材の選び方や書き方にはどこかしら初々（ういうい）しさが漂うが、その後ユーチューバーとして開花する才能の片鱗もそちらこちらに窺(うかが)える。なお、原著のタイトルを訳すと『キリンの一撃——サヴァンナの賢者たち』。一撃(クー)（coup）と首(クー)（cou）、サヴァンナ(サヴァンヌ)（savane）と賢者たち(サヴァン)（savants）がかけてあり、洒落が利いている。イラストは弟のコラ・グラッセが担当している。

レオは二九歳。一九八九年、サンテチェンヌの生まれ。フランスの海外県、カリブ海のグアドループにあるアンティル大学で生物学や生態学を学び、モンペリエ大学で生態学・進化学の修士号を取得。その後、カナダのモントリオールやアフリカのジンバブエで研究を行った。二〇一四年から活動の拠点を東南アジアに移し、タイから情報発信を続けている。

付言すると、人気番組「ダーティーバイオロジー」の内容の一部が、つい最近ＢＤ（漫画）として刊行された。*DIRTYBIOLOGY: La Grande Aventure du Sexe*（Paris: Éditions Delcourt, 2017）がそれだ。レオにとって二冊目となる著書である。一八〇ページを使って、動物の性をカラフルかつコミカルな絵入りで解説している。レオがシナリオを書き、弟のコラが絵を描いたもので、魅力的な一冊に仕上がっている。

翻訳の過程では、フランス語についてはイーエン・メギール氏（新潟青陵大学准教授）に、統計的記述については杉澤武俊氏（新潟大学准教授）に助けていただいた。化学同人の加藤貴広氏には、今回も丁寧に編集していただいた。三人の方に感謝申し上げる。

二〇一八年六月

鈴木光太郎

文献案内

1章　ハイエナの雌のペニス

ヒトの胚がどのように発生するかについては

https://embryology.med.unsw.edu.au/embryology/index.php?title=Timeline_human_development

ハイエナの性行為の複雑さについては

Szykman, M., Van Horn, R. C., Engh, A. L., et al. (2007). Courtship and mating in free-living spotted hyenas. *Behaviour*, 144, 815–846.

ハイエナの雌の擬似ペニスの機能についての諸説を検討した論文。

Muller, M., Wrangham, R. (2002). Sexual mimicry in hyenas. *Quarterly Review of Biology*, 77, 3–16.

ウシ科の雌の角の進化については

Stankowich, T., Caro, T. (2009). Evolution of weaponry in female bovids. *Proceedings of the Royal Society B: Biological Sciences*, 276, 4329–4334.

2章　キリンの首

キリンの首が長いのは第一には性淘汰によるものだと主張して、嵐を巻き起こした論文。

Simmons, R., Scheepers, L. (1996). Winning by a neck: sexual selection in the evolution of giraffe. *American Naturalist*, 148, 771–786.

ニジェールのゾウのネッキングによる死亡事例を調べたジャン＝パトリック・シュローの博士論文。

Suraud, J.-P. (2011). Identifier les contraintes pour la conservation des dernières girafes de l'Afrique de l'Ouest: déterminants de la dynamique de la population et patron d'occupation spatiale. Thèse, Université Claude Bernard-Lyon I.

しかし、キリンの雄の首は雌より大きいという性淘汰仮説の予測は確認されなかった。

Michell, G., Roberts, D., van Sittert, S., et al. (2013). Growth patterns and masses of the heads and necks of male and female giraffes. *Journal of Zoology*, 290, 49-57.

みなを納得させた論文。

Cameron, E. Z., du Toit, J. T. (2007). Winning by a neck: tall giraffes avoid competing with shorter browsers. *American Naturalist*, 169, 130-135.

キリンをめぐって生物学者がどのような論争をしてきたかを知るには

http://natureinstitute.org/pub/ic/ic10/giraffe.htm

キリンの首をめぐるさまざまな議論と仮説がよく整理されている。

Wilkinson, D. M., Ruxton, G. D. (2012). Understanding selection for long necks in different taxa. *Biological Reviews*, 87, 616-630.

フランス語で読める解説として

http://ssaft.com/Blog/dotclear/index.php?post/2012/03/07/Sexe%2C-cous-et-Sauropodes

3章　ガゼルは賭けをする

この章は、アラン・パヴェの次の本を読まなければ書けなかった。

Pavé, A. (2011). *La Course de la Gazelle, Biologie et Écologie à l'Épreuve du Hasard*. Éditions EDP Sciences.

パヴェはこの本のなかで、本文で引用した生態・行動・分子の例をとりあげており、なかでも「生物学的ルーレット」の概念を発展させている。ぼくは、フランス・アンテール（FranceInter）のラジオ番組を聞いていて、このよい入門書に出会った。この時の放送は以下で聴取可能。
http://www.franceinter.fr/emission-la-tete-au-carre-la-vie-a-l-epreuve-du-hasard
一九八八年に出版されたプロテウス行動についての重要な著作。
Driver, P. M., Humphries, D. A. (1988). *Protean Behaviour*. Clarendon Press.
こうした例はたくさんあるが、ショウジョウバエの複眼もそのひとつ。とくに感覚システムはランダムなプロセスの例に富んでいる。この話題についての一般向けの解説は
Desplan, C. (2009). Les sens au gré du hasard. *Pour la Science*, 385, 96-101.
研究者向けはこちら。
Losick, R., Desplan, C. (2008). Stochasticity and cell fate. *Science*, 320, 65-68.
進化における偶然の役割について要約したものとして
Malaterre, C., Marlin, F. (2009). La part d'aléatoire dans l'evolution: hasard et incertitudes. *Pour la Science*, 385, 68-74.
粒子の状態に観察者が与える影響について解説した素敵なビデオ。
http://www.youtube.com/watch?v=Cow-gGcrbLE
量子物理学と生物学の関係については
Abott, D. (ed.) (2008). *Quantum Aspects of Life*. World Scientific Publishing.
以下は、生き物における偶然の重要性の一例。

細胞のなかの偶然

進化のプロセスにおいては、ランダムな（偶然の）出来事が大きな役割をはたす。典型的な例としてよくあげられるのは、偶然の出来事として起こる大量絶滅——確かに破壊的ではあるが、多様性も生み出す——である。しかし「偶然についての概念的革命」は、微視的レベル（たとえば細胞内部の分子レベル）にもあてはまるように見える。

「確率論的」（ランダムと同義）プロセスは、細胞の内部でもはたらいている。タンパク質の生成は、それらをコードしている遺伝子を読み取ることによっている。これまで、細胞は十分に油のさされた機械にたとえられてきた。この機械のなかには、機械にとって必要なすべての情報（DNA）の入った「書物」があり、その書物には熱心な読者（DNAを読むタンパク質）がいて、この読者は小さな組立工（リボソーム）のためにメモ（RNA）を書き、この組立工はこのメモを読んで、指示されたタンパク質を組み立てる。遺伝子発現のこのような見方は、すべては遺伝的に決定されているような印象を与える。個々の遺伝子は特定のタンパク質を生成し、そこでは偶然はこの厳密なマシンを攪乱する役割——信号を邪魔する「ノイズ」の役割——しかはたしていない。

遺伝子発現についての最近の発見は、こうしたモデルに反している。細胞は、きっちり調整されたマシンとはほど遠く、分子はたえず熱力学的擾乱を受けて「ブラウン運動」を示す。これらのランダムな相互作用は、選択のプロセスを経て、観察されるような「秩序」を生み出す。ジャン＝ジャック・キュピエックは、この問題について自身の考えを何冊かの本で述べており、さらに知りたい方は彼の本を読むとよい。

4章　シマウマはなぜ縞模様なのか?

シマウマの縞模様についての諸説の紹介。
Ruxton, G. D. (2002). The possible fitness benefits of striped coat coloration for zebra. *Mammal Review*, 32, 237-244.
縞模様はハエに対する適応である。
Egri, A., et al. (2012). Polarotactic tabanids find striped patterns with brightness and/or polarization modulation least attractive: an advantage of zebra stripes. *Journal of Experimental Biology*, 215, 736-745.
縞模様を生み出した淘汰圧としてツェツェバエに言及している古典的論文。
Harris, R. H. T. P. (1930). Report on the bionomics of the tsetse fly. Provincial Administration of Natal, Pietermaritzburg, South Africa.

地理的分析にもとづいてハエ（アブ）仮説を確証した最新の研究。

Caro, T., Izzo, A., Reiner, Jr., R. C., et al. (2014). The function of zebra stripes. *Nature Communications*, 5, 4535.

縞模様が引き起こす視覚的錯覚についての最新の研究。

How, M. J., Zanker, J. M. (2014). Motion camouflage induced by zebra stripes. *Zoology*, 117, 163-170.

ロケット弾の命中を避けるために、軍事車両を縞模様に塗るという提案。

Stevens, M., Searle, W. T. L., Seymour, J. E., et al. (2011). Motion dazzle and camouflage as distinct anti-predator defenses. *BMC Biology*, 9, 81.

シマウマの縞模様が局所的な空気の流れを生じさせて体を冷却させているという考えを最初に紹介した本。

Morris, D. (1990). *Animal Watching: A Field Guide to Animal Behaviour*. Jonathan Cape.（デズモンド・モリス『アニマル・ウォッチング──動物の行動観察ガイドブック』日高敏隆監訳、河出書房新社、一九九一）

空気の流れ説を復活させた二〇一五年発表の研究。

Larison, B., Harrigan, R. J., Thomassen, H. A., et al. (2015). How the zebra got its stripes: a problem with too many solutions. *Royal Society Open Science*, 2, 14052.

5章　シロアリのパイプオルガン

シロアリの塚をもっと知るには、スコット・ターナーの次のサイトがお薦め。

http://www.esf.edu/efb/turner/termitePages/termiteMain.html

シロアリの塚が生態系に与える影響については

Pringle, R. M., Doak, D. F., Broody, A. L., et al. (2010). Spatial pattern enhances ecosystem functioning in an African savanna. *PLoS Biology*, 8, e100377.

シロアリの塚の内部については

http://www.mesomorph.org/

6章　アンテロープのウェーヴ

動物の集団行動研究の第一人者、D・J・T・スタンパーが、このテーマを俯瞰した論文を書いている。

Stumper, D. J. T. (2006). The principles of collective animal behavior. *Philosophical Transactions of the Royal Society B: Biological Sciences*, 361, 5-22.

集団行動における自己組織化については

Couzin, I. D., Krause, J., James, R., Ruxton, G. D., Franks, N. R. (2002). Collective memory and spatial sorting in animal groups. *Journal of Theoretical Biology*, 218, 1-11.

Helbing, D., Farkas, I., Vicsek, T. (2000). Simulating dynamical features of escape panic. *Nature*, 407, 487-490.

Kuramoto, Y. (1984). *Chemical Oscillations: Waves and Turbulence*. Springer.

Néda, Z., Ravasz, E., Brechet, Y., Vicsek, T., Barabási, A. L. (2000). The sound of many hands clapping. *Nature*, 403, 849-850.

Pays, O., et al. (2007). Prey synchronize their vigilant behaviour with other group members. *Proceedings of the Royal Society B : Biological Sciences*, 274, 1287-1291.

7章　ゾウの独裁とスイギュウの民主主義

動物集団の意思決定という問題についてよくまとまっているのは

Conradt, L., Roper, T. J. (2005). Consensus decision making in animals. *Trends in Ecology and Evolution*, 20, 449-456.

政治科学者から見た動物の民主主義。

List, C. (2004). Democracy in animal groups: a political science perspective. *Trends in Ecology and Evolution*, 19, 168-169.

集合知について知るには、コレージュ・ド・フランスでの次の講演が視聴可能。

http://www.canalu.tv/video/college_de_france/microfoundations_of_collective_wisdom.4046

スコット・ペイジの本はこれ。

Page, S. (2007). *The Difference: How the Power of Diversity Creates Better Groups, Firms, Schools, and Societies.* Princeton University Press.（スコット・ペイジ『「多様な意見」はなぜ正しいのか――衆愚が集合知に変わるとき』水谷淳訳、日経BP社、二〇〇九）

スイギュウの投票行動については

Prins, H. H. T. (1996). *Ecology and Behaviour of the African Buffalo.* Chapman & Hall.

ゾウの群れのリーダーは年長の雌が務める。

McComb, K., Shannon, G., Durant, S. M., et al. (2011). Leadership in elephants: the adaptive value of age. *Proceedings of the Royal Society B: Biological Sciences,* 278, 3270-3276.

共同で採餌行動をする集団におけるリーダーの出現を説明する単純なモデル。

Rands, S., Cowlishaw, G., Pettifor, R. (2003). Spontaneous emergence of leaders and followers in foraging pairs. *Nature,* 423, 432-434.

以下は、集団の意見が多様なほど集団の判断が正確になることの証明。

推定値の多様性

推定値の多様性の問題は、統計学においては、偏りと分散のトレードオフとして知られている。統計学に詳しくない方には、それがどうはたらくかという「感覚」をもってもらうために、八百屋に行くことにしよう。ジュリーとアントワーヌが三種類の野菜の重さについて、どちらの判断が正確かを争っている。ここで、二人の判断を合わせたほうが、それぞれの判断よりも信頼できるということを示してみよう。

ニンジンの実際の重さは六キロ、ナスは五キロ、ジャガイモは一キロ。アントワーヌとジュリーは重さを次のように推定した。

ニンジンは、ジュリーが六キロ、アントワーヌが一〇キロ。

ナスは、ジュリーが三キロ、アントワーヌが七キロ。
ジャガイモは、ジュリーが五キロ、アントワーヌが一キロ。

ジュリーはジャガイモでは四キロも間違えているが、これらを表にすると下のようになる。野菜ごとに推定値の平均を計算できるが、これが集団の推定値に相当する。

ニンジンは八キロ。
ナスは五キロ。
ジャガイモは三キロ。

この平均が個人の推定値よりも正確だということを証明してみよう。まず、平均個人誤差と集団誤差を計算してみる。

	6	5	1
	6 kg	3 kg	5 kg
	10 kg	7 kg	1 kg

平均個人誤差

個人の誤差、すなわちジュリーとアントワーヌの推定値と実際の値の間の差を計算する。プラスの差もマイナスの差も同じ重みをもっているので、差を二乗して正負の符号が関係ないようにする。ジュリーの誤差は、ニンジンが〇キロ、ナスが二キロ、ジャガイモが四キロである。したがって誤差（二乗したもの）の総和は

$$(6-6)^2+(3-5)^2+(5-1)^2=(0)^2+(-2)^2+(4)^2=0+4+16=20$$

アントワーヌの場合は

$$(10-6)^2+(7-5)^2+(1-1)^2=(4)^2+(2)^2+(0)^2=16+4+0=20$$

したがって、個人誤差の平均は二〇。

集団誤差

集団の推定値の誤差は次のようになる。

$$(8-6)^2+(5-5)^2+(3-1)^2=4+0+4=8$$

したがって、集団誤差は八。ジュリーとアントワーヌの平均誤差は二〇だったので、その違いは一二で、集団誤差のほうが小さい。では、この一二とはなんだろうか？　スコット・ペイジが示している公式によると

集団誤差(8)＝平均個人誤差(20)－推定値の多様性(12)

この推定値の多様性はすなわち、個人ごとの推定値と推定値の全体平均との隔たり（分散と呼ばれる）である。推定値の平均は右で計算したように、ニンジンが八、ナスが五、ジャガイモは三。

ジュリーの場合、この平均値との隔たりは

$$(6-8)^2+(3-5)^2+(5-3)^2=4+4+4=12$$

アントワーヌの場合には

$$(10-8)^2+(7-5)^2+(1-3)^2=4+4+4=12$$

したがって、推定値の多様性の平均は一二。

ペイジが説明しているように、多様性は多少であれ必ずあるので、集団誤差は平均個人誤差よりもつねに小さい。言い換えると、互いに異なる意見をもつ人たちがいる場合には、その集団の正確さは個人の平均的正確さよりもよいのだ！

8章　嘘つきアンテロープ

トピの雄は雌をだます。

Bro-Jørgensen, J., Pangle, W. M. (2010). Male topi antelopes alarm snort deceptively to retain females for mating. *American Naturalist*, 176, E35-E39.

9章　フンコロガシと天の川

フンコロガシと天の川の実験については

Dacke, M., Baird, E., Byrne, M., et al. (2013). Dung beetles use the milky way for orientation. *Current Biology*, 23, 298-300.

自然環境下で基準点のない場合にヒトがどのような歩き方をするかは

Souman, J. L., Frissen, I., Sreenivasa, M. N., et al. (2009). Walking straight into circles. *Current Biology*, 19, 1538-1542.

10章　ゾウの地震波

ゾウがマサイ族とカンバ族の人間を識別できるというカレン・マッコムの研究。

McComb, K., Shannon, G., Sayialel, K. N., et al. (2014). Elephants can determine ethnicity, gender, and age from acoustic cues in human voices. *Proceedings of the National Academy of Sciences*, 111, 5433-5438.

ホモ・サピエンスの生息地の拡大に伴い、長鼻類の大規模な狩猟が行われた。

Sanchez, G. Holliday, V. T., Gaines, E. P., et al. (2014). Human (Clovis)-gomphothere (*Cuvieronius* sp.) association ~13,390 calibrated yBP in Sonora, Mexico. *Proceedings of the National Academy of Sciences*, 111, 10972-10977.

Surovell, T., Waguespack, N., Brantingham, P. J. (2005). Global archaeological evidence for proboscidean overkill. *Proceedings of the National Academy of Sciences*, 102, 6231-6236.

ゾウは、音声を介した発達した社会的ネットワークをもつ。

McComb, K., Moss, C., Sayialel, S., et al. (2000). Unusually extensive networks of vocal recognition in African elephants. *Animal Behaviour*, 59, 1103-1109.

ゾウの多様な鳴き声についての解説。

Poole, J. H. (2011). *The Amboseli Elephants: A Long-term Perspective on a Long-lived Mammal.* University of Chicago Press, pp.125-161.

ゾウの鳴き声は『ナショナル・ジオグラフィック』のサイトと「ゾウの声」プロジェクトのサイトで聴くことができる。

http://www.nationalgeographic.com/news-features/what-elephant-calls-mean/

http://www.elephantvoices.org/

ゾウの地震波によるコミュニケーションについては

O'Connell-Rodwell, C. E. (2007). Keeping an "ear" to the ground: seismic communication in elephants. *Physiology*, 22, 287-294.

11章　ミツアナグマ、世界一凶暴な生き物

信じられないような生き物、ミツアナグマのオフィシャルサイト。

http://www.honeybadger.com/

この章は、アメリカ西部開拓時代のならず者ベン・トンプソンを連想しながら書いた。彼がどんな人生を送ったかは次のウェブページを参照。

www.badassoftheweek.com

ミツアナグマの生態を紹介した映像。

https://www.youtube.com/watch?v=4r7wHMg5Yjg

イラクのバスラで市民を狙うミツアナグマのニュースについては

http://news.bbc.co.uk/2/hi/middle_east/6295138.stm
ホオジロザメ、グリズリー、ダイオウイカから作った動物、ベアシャークトパスについては以下のサイト。
http://knowyourmeme.com/memes/bearsharktopus
南アフリカ軍の戦闘車輛、その名もミツアナグマ。
http://en.wikipedia.org/wiki/Ratel_IFV

12章　ライオン・キング、七つの誤り

濃い色のたてがみのライオンのほうがテストステロンの量が多い。
West, P., Packer, C. (2002). Sexual selection, temperature, and the lion's mane. *Science*, 297, 1339-1343.
ハイエナの発声の例はウィキペディアにもある。
http://en.wikipedia.org/wiki/Spotted_hyena#Vocalisations
ンゴロンゴロ噴火口のライオンの近親交配についてのブログ記事。
http://fish-dont-exist.blogspot.com/2013/01/les-lions-ce-que-vous-napprendrez-pas.html
それについての論文。
Wildt, D. E., Bush, M., Goodrowe, K. K., et al. (1987). Reproductive and genetic consequences of founding isolated lion populations. *Nature*, 329, 328-331.

13章　人間がもたらすライオンの子殺し

ジンバブエのワンゲ国立公園の地下水の汲み上げの沿革。
https://blog.nationalgeographic.org/2013/03/08/elephants-rely-on-man-made-waterholes-in-hwange-np-zimbabwe/
トビがプラスチックで造った巣については
Sergio, F., Blas, J., Blanco, G., et al. (2011). Raptor nest decorations are a reliable threat against conspecifics.

Science, 331, 327-330.

鳥によるタバコの吸い殻の利用については

Suarez-Rodriguez, M., Lopez-Rull, I., Macias Garcia, C. (2012). Incorporation of cigarette butts into nests reduces nest ectoparasite load in urban birds: new ingredients for an old recipe? *Biology Letters*, 9, 20120931.

BBCが撮影した自動車をクルミ割りとして使うカラスの映像。

http://www.youtube.com/watch?v=BGPGknpq3e0

この現象の広まり方については

Nihei, Y., Higuchi, H. (2002). When and where did crows learn to use automobiles as nutcrackers? *Tohoku Psychological Folia*, 60, 93-97.

道路の制限速度に合わせて飛び立つ鳥については

Legagneux, P., Ducatez, S. (2013). European birds adjust their flight initiation distance to road speed limits. *Biology Letters*, 9, 20130417.

排水溝のなかで歌を歌うカエルについては

Tan, W. H., Tsai, C. G., Lin, C., et al. (2014). Urban canyon effect: storm drains enhance call characteristics of the Mientien tree frog. *Journal of Zoology*, 294, 77-84.

スポーツハンティングがライオンの子殺しにどのような影響を与えるかについては

Loveridge, A. J., Searle, A. W., Murindagomo, F., et al. (2007). The impact of sport-hunting on the population dynamics of an African lion population in a protected area. *Biological Conservation*, 134, 548-558.

ゾウを殺すことがゾウの社会の崩壊を招き、その影響は数十年も続く。

Shannon, G., Slotow, R., Durant, S. M., et al. (2013). Effects of social disruption in elephants persist decades after culling. *Frontiers in Zoology*, 10, 62.

ヒトと環境の関係の見方はどう変化してきたか。

http://thebreakthrough.org/index.php/programs/conservation-and-development/humanity-pervasiveenvironmental-influence-began-long-ago/

14章　サヴァンナの砂嵐

カタストロフィックな移行のメカニズムについて、フランス生態学会のホームページに掲載されているソニア・ケフィの明快な解説。

http://www.sfecologie.org/regards/2012/10/19/r37-hysteresis-sonia-kefi/

生態系のカタストロフィックな移行のほかの例。

http://danslestesticulesdedarwin.blogspot.com/2013/05/avalanches-sur-la-biosphere-episode-2.html

さらに詳しく知りたい方には

Scheffer, M., Carpenter, S. Foley, J. A., et al. (2001). Catastrophic shifts in ecosystems. *Nature*, 413, 591-596.

Rietkerk, M., Dekker, S. C., De Ruiter, P. C., et al. (2004). Self-organized patchiness and catastrophic shifts in ecosystems. *Science*, 305, 1926-1929.

Scheffer, M., Bascompte, J., Brock, W. A., et al. (2009). Early-warning signals for critical transitions. *Nature*, 461, 53-59.

Scheffer, M., Carpenter, S. R., Lenton, T. M., et al. (2012). Anticipating critical transitions. *Science*, 338, 344-348.

15章　アフリカでのヒトの進化

人類が時間的にどう進化したかについては、ウィキペディアの次の項目が参考になる。出典が明確で、記述も明快。とくにホモ・サピエンスの誕生につながる重要な出来事が強調されている。

http://en.wikipedia.org/wiki/Timeline_of_human_evolution

ホモ・エレクトスの加熱調理は、少なくとも二〇〇万年前にさかのぼる。研究の成果は次の論文に発表されている。

Organ, C., Nunn, C. L., Machanda, Z., et al. (2011). Phylogenic rate shifts in feeding time during the evolution. *Proceedings of the National Academy of Sciences*, 108, 14555-14559.

しかし、これには激しい批判が待っていた。
Roebroeks, W., Villa, P.（2011）. On the earliest evidence for habitual use of fire in Europe. *Proceedings of the National Academy of Sciences*, 108, 5209-5214.

霊長類（もちろんヒトも含まれる）の知能と脳の大きさの進化についてのすぐれた総説。
Roth, G., Dicke, U.（2005）. Evolution of the brain and intelligence. *Trends in Cognitive Sciences*, 9, 250-257.

ホモ・エレクトスは昔からゾウを狩っていた。
Ben-Dor, M., Gopher, A., Hershkovitz, I., et al.（2011）. Man the fat hunter: the demise of *Homo erectus* and the emergence of a new hominin lineage in the Middle Pleistocene（ca. 400 kyr）Levant. *PLoS ONE*, 6, e28689.

最新の遺伝学的研究によると、ホモ・サピエンスは誕生してから三〇万年以上になる。
Mendez, F. L., Krahn, T., Schrack, B., et al.（2013）. An African American paternal lineage adds an extremely ancient root to the human Y chromosome phylogenetic tree. *American Journal of Human Genetics*, 92, 454-459.

私たちがネアンデルタール人から受け継いでいる強い淘汰圧下にある遺伝子についての最新の研究。

Sankararaman, S., Mallick, S., Dannemann, M., et al.（2014）. The genomic landscape of Neanderthal ancestry in present-day humans. *Nature*, 507, 354-357.

数千年にわたる西アフリカのサヴァンナの生態系へのヒトの影響については
Ballouche, A., Rasse, M.（2007）. L'homme, artisan des paysages de savane. *Pour la Science*, 358, 56-61.

環境保全政策による難民については
Dowie, M.（2009）. *Conservation Refugees: The Hundred-Year Conflict between Global Conservation and Native People*. MIT Press, p.12.

二〇世紀の環境保全の考え方についてのきわめて興味深い論文のフランス語訳。
http://leo.grasset.free.fr/index.php/la-conservation-dans-lanthropocene/

アラン・セイヴォリーがしてきた重要な仕事を知るには、ＴＥＤの講演がお薦め。
http://www.ted.com/talks/allan_savory_how_to_green_the_world_s_deserts_and_reverse_climate_change.html

【訳者紹介】

鈴木 光太郎（すずき こうたろう）

新潟大学人文学部教授。専門は実験心理学。東京大学大学院人文科学研究科博士課程中退。著書に『動物は世界をどう見るか』、『オオカミ少女はいなかった』（ともに新曜社）、『ヒトの心はどう進化したのか』（筑摩書房）、*De Quelques Mythes en Psychologie*（Éditions du Seuil）など。訳書にヴォークレール『乳幼児の発達』、テイラー『われらはチンパンジーにあらず』、ドルティエ『ヒト、この奇妙な動物』（以上新曜社）、ボイヤー『神はなぜいるのか？』（NTT 出版）、ベリング『ヒトはなぜ神を信じるのか』、『性倒錯者』、『なぜペニスはそんな形なのか』（以上化学同人）などがある。

キリンの一撃 —— サヴァンナの動物たちが見せる進化のスゴ技

2018年8月10日　第1刷　発行

訳　者　鈴木光太郎
発行者　曽根　良介
発行所　（株）化学同人

検印廃止

〒600-8074 京都市下京区仏光寺通柳馬場西入ル
編集部 Tel 075-352-3711 Fax 075-352-0371
営業部 Tel 075-352-3373 Fax 075-351-8301
振替　01010-7-5702
E-mail webmaster@kagakudojin.co.jp
URL https://www.kagakudojin.co.jp

乱丁・落丁本は送料小社負担にてお取りかえします。

印刷・製本　（株）太洋社

ISBN 978-4-7598-1972-4